Kristian Furch

**Demut macht stark**

Kristian Furch

# Demut
# macht stark

Zehn ungewöhnliche
Denkanstöße –
Führungserfolg ohne Angst
und Selbstüberschätzung

Präsenz
SIGNUM

Gewidmet den Gutherzigen in meinem
Leben, die liebevoll an meiner Demut arbeiten:
meiner Frau Doro, meinen Kindern Johanna,
Lukas und Elisabeth und guten Freunden,
Förderern, Mentoren ...

Mit etwas Abstand — auch denen gewidmet,
die dadurch an meiner Demut gearbeitet haben,
dass ich mich sehr an ihnen gerieben habe.

Kristian Furch
**Demut macht stark**
Zehn ungewöhnliche Denkanstöße –
Führungserfolg ohne Angst und Selbstüberschätzung

Text: Kristian Furch
Lektorat: Anna-Donata Frfr. von Lerchenfeld, Stefan Wiesner
Gestaltung und Herstellung: Anna Rörig und Erik Welß

2. Auflage 2009
© 2008 Präsenz Kunst & Buch
Gnadenthal · 65597 Hünfelden
www.praesenz-kunst-und-buch.de

ISBN 978-3-87630-077-1

*Führer müssen ihr Denken verändern:*
*statt sich eine Position zu wünschen,*
*die Menschen zwingt, ihnen zu folgen*
*sollten sie sich lieber wünschen,*
*die Person zu werden,*
*der Menschen folgen* **wollen!**

John C. Maxwell

*Ein Leiter ist am Besten,*
*wenn die Leute kaum merken,*
*dass er existiert.*

Ein unbekannter Philosoph

# Inhalt

# Vorwort

Das Wort Demut geht vielen Führungskräften schwer über die Lippen. Wer führt muss willensstark sein, etwas darstellen, darf sich keine Blöße geben. Manager, das sind heute vom Selbstverständnis her „harte Kerle" – übrigens oft auch die weiblichen Vertreter dieser Spezies. Man fragt sich vielleicht, was solche Menschen mit Demut anfangen sollen, einem alten, verstaubten Begriff aus Zeiten, in denen die Menschen noch unterwürfig und unfrei waren ...

Die Anforderungen an Führungskräfte sind in den letzten Jahren stark gestiegen und immer mehr Entscheider leiden unter Versagensängsten und dem Gefühl von Überforderung. In vielen Firmen leben Mitarbeiter und Führungskräfte mit dem unbestimmten Gefühl, die besten Zeiten gesehen zu haben und den Gürtel nun enger schnallen zu müssen.

Hinzu kommt: Die Hierarchien sind flacher und durchlässiger geworden. Man sieht schneller, wer etwas leistet – und wer nur so tut. All dies setzt Führungskräfte unter hohen Erwartungs- und Ergebnisdruck. Sie wollen „Macher" sein, schaffen das aber nicht. Sie zahlen einen immer höheren Preis, um zumindest das Bild des „Machers" aufrechtzuerhalten – vor sich selbst und vor anderen: Vorgesetzten, Mitarbeitern, Kunden ...

Führen ist außerdem ein komplexes „Handwerk". Führungskräfte müssen nicht nur oft unter großer Unsicherheit weit reichende Entscheidungen treffen, sondern gleichzeitig

- dafür sorgen, dass ein angenehmes Arbeitsklima herrscht,
- sich um einzelne Mitarbeiterinnen und Mitarbeiter kümmern,
- zusehen, dass dabei die Ergebnisse nicht zu kurz kommen und
- die Kunden zufrieden sind.

Zu allem Überfluss hängt daheim wegen des immer höheren Arbeitseinsatzes nicht selten der „Haussegen schief". Führen – das ist „Stress pur".

Von Paulus, der im ersten Jahrhundert nach Christus lebte, stammt der bemerkenswerte Satz: *Wenn ich schwach bin, bin ich stark.* Es ist einer dieser provozierenden, ja fast paradoxen Sätze, wie sie für Weisheitsliteratur – in diesem Fall der Bibel – typisch sind.

Ziel dieses Buches ist es, die Aussage von Paulus näher zu beleuchten und das dahinter liegende Wirkungsprinzip für Führungskräfte aufzuschließen. Wichtige Gedankenanstöße sollen hierbei von Paulus selbst kommen. Daher werde ich mich auch mit ihm als Mensch näher befassen. Aber auch einige andere Personen, die uns beim Verständnis dieses Satzes helfen können, werden zu Wort kommen.

*Wenn ich schwach bin, bin ich stark* ... Stimmt das, gerade angesichts der eben genannten Rahmenbedingungen?

Beim ersten Nachdenken über diesen Satz spürte ich fast gleichzeitig zwei Gefühle in mir aufsteigen: Der Satz klingt irgendwie klug ... aber letztlich ist er für einen verantwortlich handelnden Menschen des 21. Jahrhunderts nicht umsetzbar.

Es bleibt zwar für einen Moment ein angenehmer, kurzer Schauer zurück, mit etwas Weisem, Ewigem, in Berührung gekommen zu sein ... aber dann wird es Zeit, zur Tagesordnung zurückzukehren: Dieser Satz passt einfach nicht zu den Führungseigenschaften, auf die es heute ankommt: Entschlossenheit, Risikobereitschaft, Mut, Willensstärke. Er hilft mir nicht. Vielleicht ist er eher etwas für „Weichlinge" ...

# War Paulus ein Weichling?

Paulus ist zweifelsfrei eine Persönlichkeit, an der niemand vorbeikommt, der sich mit dem christlichen Glauben auseinandersetzt. Er ist Autor vieler Texte des Neuen Testaments und hat damit die christliche Theologie mehr beeinflusst als jeder andere, mit Ausnahme natürlich von Jesus.

Für viele ist Paulus ein *Provokateur* und ein religiöses Feindbild. In schöner Regelmäßigkeit erscheinen Bücher verschiedener Populärwissenschaftler, die nachzuweisen versuchen, dass Paulus mit Schläue, Manipulation und Strenge Jesu Lehren uminterpretiert und zu einer einflussreichen Weltreligion umfunktioniert hat. Manche behaupten sogar, es sei seine, Paulus' Idee gewesen, aus dem Rabbi Jesus quasi „posthum" den Sohn Gottes, den Messias, zu machen.

Zu den Fakten: Paulus gehörte vor seinem „Damaskuserlebnis" *, also seiner persönlichen Hinwendung zum christlichen Glauben, zur Elite seines Landes. Er stammte aus einer angesehenen Familie, war hochintelligent, gebildet, belesen, wohlhabend und — damals für Nicht-Römer ein großes Privileg —

„römischer Bürger von Geburt an". In seinem Wahn, das Judentum vor den Nachfolgern Jesu zu schützen, wurde er zum fanatischen, brutalen – und übrigens äußerst erfolgreichen – Christenverfolger.

Es ist vielleicht der hinter dieser Vita vermutete Charakter, der ihn bis heute zur Projektionsfläche für die genannten Unterstellungen macht.

Dann kam „Damaskus": Paulus hatte eine „Erscheinung" – eine unmittelbare Gottesbegegnung. Und er erhielt von Gott dort auf den Feldern vor der Stadt eine neue Aufgabe: in loser Verbindung mit den anderen, sich immer stärker herauskristallisierenden Führungsfiguren der neuen Religion, die er bis dahin bekämpft hatte, quasi „das Außenministerium" zu übernehmen. Er sollte Apostel für die „Heiden" sein, Gottes Wort verkünden und den Menschen zur Seite stehen.

Während sich die meisten anderen Apostel zunächst darauf konzentrieren, die von Judenchristen** geformten Gemeinden weiter aufzubauen und zu stabilisieren, reist Paulus in unterschiedlichen Teamkonstellationen durch die damals bekannte Welt

---

\* Siehe die entsprechende Schilderung im Neuen Testament, Apostelgeschichte 9,1–19

\*\* Zur Zeit von Jesus entwickelte sich innerhalb des Judentums eine Randgruppe – die Judenchristen. Aus diesen ging die Strömung der Heidenchristen hervor, die sich zu einer neuen Religion, dem Christentum entwickelte. Judenchristen gehören zum Judentum; Heidenchristen sind dem Christentum zuzuordnen – und beide gehören zum Urchristentum.

und macht den neuen Glauben, insbesondere unter den im gesamten Mittelmeerraum siedelnden Griechen, bekannt. Hierzu ist er besonders befähigt, denn die Griechen legen großen Wert auf Bildung, auf Diskurs, auf die Kraft des Arguments. Hier kann Paulus glänzen – ganz anders als die ersten Jünger, die – bis auf den hochsensiblen Mediziner Johannes – überwiegend Handwerker waren.

Noch etwas zeichnet die Griechen zu Beginn unserer Zeitrechung aus: Ihre Philosophen hatten über lange Zeit schrittweise die große Bedeutung des Charakters und der Moral für die Entwicklung der Menschheit erschlossen. Selbstbeherrschung, Selbstdistanz, ja sogar eine Haltung möglichst totaler Selbstlosigkeit, galten als die wichtigsten Tugenden eines vollendeten, vorbildlich lebenden Menschen.

Vielen Griechen war über diesen Gedanken der eigene Götterhimmel schal geworden: mit einer Horde egoistischer, ihre übernatürlichen Kräfte hemmungslos ausnutzender und stets auf den eigenen Vorteil bedachter Raufbolde konnten viele gebildete Griechen so recht nichts mehr anfangen.

Die griechischen Philosophen hatten also – mittelbar – die außerjüdische, insbesondere die stark von griechischem Denken beeinflusste Welt des Mittelmeerraums, für die Offenbarung des *einen, moralisch handelnden* Gottes, den die Juden verehrten, vorbereitet. Viele Griechen hatten sich im Zuge dieser Entwicklung sogar jüdischen Gemeinden angeschlossen, obwohl sie dort als Nichtjuden meist nur geduldet waren.

Nun hörten diese Menschen aus dem Munde von Paulus und anderen Christen, dass dieser *eine, ethisch handelnde* Gott seinen Sohn auf die Welt gesandt haben soll, der im griechisch-philosophischen Sinne absolut vorbildlich gelebt hat und für diesen Lebensstil sogar gestorben ist.

In der Bibel heißt es an einer Stelle, dass Jesus auf die Welt kam, „als die Zeit erfüllt war" (Galater 4,4). Nicht wenige Theologen meinen, dass der beschriebene Entwicklungsstand der griechischen Philosophie zumindest einer der Gründe dafür war, dass die Menschheit aus Gottes Sicht reif war für die Ankunft seines Sohnes. Das von Jesus verkörperte Wesen Gottes passte nun erstmals *wirklich* zur inneren Sehnsucht einer großen Zahl von Menschen, die für ihre Zeit kulturprägend waren.

Viele Schriften aus dieser Zeit belegen, wie sehr nicht nur Jesus, sondern auch seine Nachfolger die Menschen um sich herum charakterlich beeindruckten. Kaiser Julian Apostata, der im 4. Jahrhundert nach Christus lebte, schreibt: *„Begreifen* *wir denn nicht, dass die Gottlosigkeit (damit ist das Christentum gemeint) am meisten gefördert wurde durch die Menschlichkeit (der Christen) gegenüber den Fremden und durch die Fürsorge (der Christen) für die Bestattung der Toten? ... Die gottlosen Galiläer ernähren außer ihren eigenen Armen auch noch die unsrigen; die unsrigen aber ermangeln offenbar unserer Fürsorge."* [1]

Hätte Paulus, die wichtigste Führungsfigur der beginnenden christlichen Mission, mit dem ihm oft unterstellten, leicht verschlagenen Charakter, als typisches „Alphatier"* und besserwisserischer Manipulator, bei den Menschen seiner Zeit eine Chance gehabt glaubwürdig zu sein? Hätte er sich während des monate- − oft jahrelangen − Zusammenlebens mit den Neubekehrten so verstellen können, dass seine wahren Charaktereigenschaften und Motive verborgen geblieben wären?

In zahlreichen Briefen an verschiedene Gemeinden lernen wir Paulus' Gedanken recht gut kennen. Wir erleben einen Menschen, der nicht nur große

---

* Die Bezeichnung stammt aus der Tierwelt. Der Leitwolf eines Wolfsrudels wird beispielsweise „Alphatier" genannt. Im übertragenen Sinne werden, z.B. in der Managementliteratur, Führungspersonen als „Alphatiere" bezeichnet, die sich durch außergewöhnliche Willensstärke, große Zielstrebigkeit, Schläue und Robustheit auszeichnen und die damit andere Menschen dazu bringen, ihnen und den von ihnen gesetzten Zielen zu folgen.

14

Opfer und Gefahren auf sich nahm, um das Evangelium überall in der damals bekannten Welt zu verbreiten, sondern der sich auch liebevoll und aufopfernd um jeden Einzelnen kümmerte, der stets darauf bedacht war niemanden zu überlasten und der die eigenen Bedürfnisse zurückstellte. Wir erfahren, dass der hochgebildete Paulus als Zeltmacher arbeitete, um seinen Lebensunterhalt zu verdienen, weil er niemandem zur Last fallen wollte. Wir lesen, was Paulus in wunderbaren Worten im 1. Korintherbrief über die Liebe schreibt: *Die Liebe ist langmütig und freundlich, die Liebe eifert nicht, die Liebe treibt nicht Mutwillen, sie bläht sich nicht auf ...*

In seinen Briefen lernen wir einen Paulus kennen, der in großer Geduld hinnahm, von den anderen Aposteln nie ganz als einer der ihren anerkannt worden zu sein. Wir lesen, wie er darum kämpfte, in Liebe damit umzugehen, dass er bereits von Zeitgenossen mal als „Hardliner" mal als „Windbeutel – große Klappe, nichts dahinter" – kritisiert und verunglimpft wurde.

Nirgends lässt Paulus uns so tief in sein Herz als Führungskraft blicken wie im 2. Brief an die Korinther. Paulus bezieht hier Stellung zu einer Führungskrise der Gemeinde in Korinth, in die offenbar auch er als Person hineingezogen worden war. Der Brief ist davon geprägt, den Leitern dieser Gemeinde bei der Überwindung ihrer Krise zu helfen, ohne dass dabei Machtmittel zum Einsatz kommen. Leidenschaftlich wendet Paulus sich gegen jeden Personenkult, elitäres Denken, das Herausstreichen besonderer Führungseigenschaften oder persönlicher Stärken und die daraus folgenden Parteiungen.

Wenn wir uns intensiver mit Paulus' Lebensgeschichte und Lebenswerk befassen, lässt das nur einen Schluss zu: Paulus wurde, im Laufe eines langen, ereignis- und spannungsreichen Lebens, zu einer *paradoxen Persönlichkeit:* bescheiden und selbstbewusst zugleich, entschlossen und einfühlsam, ziel- und menschenorientiert, willensstark und um Konsens bemüht. Er behielt seine „alten" Stärken, aber er gewann auch neue, diese ergänzende Eigenschaften hinzu. Und er scheint an den typischen Schwächen – die sich aus seinen natürlichen Stärken ergeben – erfolgreich gearbeitet zu haben.

Er begann nach allem, was wir wissen, als klassisches „Alphatier": elitär im Denken, selbstbezogen, durchsetzungsstark. Wäre er *nur* so geblieben, würde vermutlich niemand seinen Namen heute noch kennen.

Ein wirklich „Großer" wurde er, weil er lernte, was ihm vom Naturell her fehlte: Milde, Geduld und

Selbstlosigkeit. Aus einem *einseitigen* Charakter, um den ihn in seiner machtvollen Ausprägung vielleicht viele heutige Führungskräfte beneiden würden, wurde ein *ausgewogener* Charakter.

War das Zufall? War diese außergewöhnliche Persönlichkeit das Ergebnis von Paulus' individueller Lebensgeschichte, einer von Vielen, ohne tiefere Bedeutung für uns heute? Oder verkörpert Paulus, eine der wichtigsten Führungsfiguren des Neuen Testaments, hier etwas Prototypisches, von dem wir in diesem Fall auch heute noch lernen können?

Jim Collins, ein amerikanischer Professor, der viel über Führung nachgedacht und geforscht hat, provozierte im Jahre 2001 mit dem Buch *„Good to Great* [2] *"* die Aufmerksamkeit der Managementwelt. Jim Collins hatte sich einer besonderen Herausforderung gestellt: er wollte herausfinden, was Unternehmen *langfristig überdurchschnittlich* erfolgreich macht. Er untersuchte mit einem Forscherteam Unternehmen, die sich über mindestens 15 Jahre hinweg zunächst durchschnittlich entwickelt hatten und dann für mindestens weitere 15 Jahre innerhalb ihrer Branchen in den USA zu absoluten Spitzenunternehmen wurden, vor allem was die Rendite angeht.

Im Laufe der Untersuchung stießen Collins und sein Team auf einige wichtige organisatorische und methodische Muster, die für an Führung Interessierte sicher wertvoll sind, den Umfang dieses Buches aber sprengen würden ... vielleicht bis auf eine, für unser Thema sehr interessante Beobachtung, die zunächst gar nicht in Collins' Fokus gestanden hatte, denn er schreibt:

*„Ich gab dem Untersuchungsteam die explizite Anweisung, nach Möglichkeit die Rolle der Top-Führungskräfte herunterzuspielen, um die heute verbreitete, simplizistische Sichtweise: ‚Die Führung bestimmt den Erfolg' bzw. ‚Die Führung ist für das Versagen verantwortlich' zu vermeiden."*

Collins wollte organisatorische und methodische, aber möglichst keine persönlichen Muster finden, die langfristigen, außergewöhnlichen Erfolg erklären. Er stieß dann jedoch an der Spitze der von ihm untersuchten Unternehmen fast ausnahmslos auf einen bestimmten Typus von Führungskräften und konnte daher dieses Ergebnis als Wissenschaftler nicht ignorieren.

Das Problem war: Der gefundene Führungs-Typus unterschied sich diametral von dem, was landläufig unter einem „Alphatier" verstanden wird – dem Idealbild vieler Top-Manager, den „harten Kerlen".

Collins fasst seine Erkenntnisse über die Führungskräfte von Spitzenunternehmen wie folgt zusammen: *„Langfristig besonders erfolgreiche Organisationen haben Führungskräfte, die eine* **paradoxe Mischung** *aus persönlicher* **Bescheidenheit** *und professionellem* **Willen***, die Mission ihrer Organisation langfristig zu erfüllen, zeigen."*

Collins nennt diese Führungskräfte „Level-5-Leader". Die von ihm beschriebenen Führungskräfte waren den meisten Top-Managern bis dahin interessanterweise meist unbekannt geblieben – obwohl sie die langfristig erfolgreichsten Organisationen führten. Der Grund: Diese Art Führungskräfte drängt es schlicht nicht auf die Titelblätter der einschlägigen „Heldenblätter" für Top-Manager.

**Collins' „Level-5-Leader" ...**

- sind visionär, zeigen aber gleichzeitig die Disziplin, sich mit allen brutalen Fakten der momentanen *Wirklichkeit* zu konfrontieren,
- bleiben auf dem Weg des Erfolgs *bescheiden,*
- überraschen ihre Kunden lieber mit Erfolg als mit übertriebenen Werbebotschaften,
- bauen nicht auf einzelne *charismatische* Figuren, sondern nehmen *die Gruppe* stets *wichtiger* als den *Einzelnen,*

- sorgen für eine offene, aber von gegenseitigem Respekt geprägte *Streitkultur,*
- schaffen eine *Kultur der Disziplin* und einen klaren Rahmen persönlicher Verantwortung, in dem aber jeder *frei agieren* und sich ausprobieren kann,
- zeigen „aus dem Fenster" auf ihre Mitarbeiter, wenn es darum geht Erfolge zu feiern und
- „in den Spiegel", auf ihre eigene Verantwortung, wenn sie mit Fehlern konfrontiert werden.

Nicht die, die aus persönlichem Ehrgeiz andere zu Höchstleistungen antreiben, nicht mal die eher charismatischen Führungspersönlichkeiten, denen Menschen aus Bewunderung gerne folgen, erwiesen sich langfristig als am erfolgreichsten, sondern die zwar *willensstarken,* aber gleichzeitig *bescheidenen* – demütigen – Chefs, die durch persönliches Vorbild eine paradoxe Kultur aus Zielorientierung und Barmherzigkeit schafften. Menschen, denen es auf diese Weise unter anderem gelang, teamorientierte Entscheidungsprozesse mit persönlicher Entschlusskraft und Verantwortungsbereitschaft zu kombinieren – und die damit offenbar eine besonders große *Hebelwirkung* erzielen konnten.

Kommen Ihnen diese Gedanken und Begriffe irgendwie bekannt vor?

Professor Jim Collins' Erkenntnisse beschreiben exakt das Charakterprofil, das Paulus als Führungsfigur verkörperte. Sie bestätigen ein paradoxes biblisches Führungsprinzip: *„Wenn ich schwach bin, bin ich stark".* Die Haltung hinter diesem Prinzip übersetze ich: *Demut macht stark.*

Neben Paulus haben sich auch viele andere biblische Führungskräfte durch diese Haltung ausgezeichnet: denken wir an Jesus selbst, an Mose, Josua, Gideon, David, Petrus und viele Andere – alles Prototypen dieses besonderen, biblischen Führungs-Typus.

Ich fasse zusammen: langfristig erfolgreiche Führungskräfte verkörpern eine paradoxe Mischung aus Demut und Mut. Die besondere Bedeutung dieses Charakterprofils lässt sich anhand biblischer Führungspersonen nachweisen.

Aber: *Warum* ist diese Kombination so erfolgsrelevant? Und wie kann ich lernen, so zu werden?

## Zugänge zu einer Paradoxie

Was Demut mit Führungserfolg zu tun hat und wie uns Demut zu einer starken Führungspersönlichkeit machen kann – diese Fragen will ich in den folgenden Ausführungen an Paulus stellen. Er ist in dieser Frage wesentlich kompetenter als ich. Ich habe einige seiner Gedanken aus dem 2. Korintherbrief daher in 10 Empfehlungen zusammengefasst, die helfen sollen, durch Demut stark zu werden.

1. Demut gibt unserer Führung den nötigen Rahmen
2. Demut bewahrt vor Selbstüberschätzung
3. Demut hilft, echten Selbst-Wert zu empfinden
4. Demut hilft, unabhängiger von Menschen, Situationen und Umständen zu werden
5. Demut hilft, Ziele zu präzisieren
6. Demut hilft, der Realität ins Auge zu sehen
7. Demut unterstützt unsere Teamfähigkeit
8. Demut hilft Maß zu halten
9. Demut bewahrt vor Machtmissbrauch
10. Demut macht uns einflussreich

Wenn ich Bibelzitate verwende, stammen diese aus der revidierten „Guten Nachricht" Bibel, die in leicht verständlicher Sprache geschrieben ist und sich inhaltlich trotzdem nah an dem zugrunde liegenden Urtext orientiert.

# 1. Demut gibt unserer Führung den nötigen Rahmen

Demut ist aus zwei Wortstämmen entstanden: „Deus" (lat. Gott) und „Muoth" (altdt. Mut). Demut kann somit verstanden werden als der Mut, sich von etwas Großem, zweifelsfrei Guten, abhängig zu machen.

Paul Imhof, Präsident der Akademie St. Paul Hermannsburg, hat dieses Prinzip in folgende Worte gefasst: *„Erst die Abhängigkeit vom Unabhängigen macht unabhängig vom Abhängigen. Dies ist die Essenz aller Spiritualität."*

Lassen wir Paulus die etwas einfachere Version aussprechen: *Meine Empfehlung ist es, dass ich mich in allem als Diener Gottes erweise* (2. Korintherbrief 6,4).

Führungskräfte wollen in innerer Freiheit Entscheidungen treffen, nicht abhängig oder getrieben sein. Die Frage ist: Was macht mich denn innerlich unabhängig?

- Dass ich alle entscheidenden Hebel in der Hand halte?
- Dass ich möglichst viele Rahmenbedingungen beeinflussen kann?

- Dass mir keiner der Menschen, mit denen ich zu tun habe, und die von meinen Entscheidungen (vor allem negativ) beeinflusst werden, schaden kann? Dass mich keiner von ihnen in der Hand hat?

Die nächsten Fragen drängen sich förmlich auf:

- Können wir einen solchen „Entscheidungs-status" *überhaupt jemals* erreichen, vor allem auf Dauer?
- Entziehen sich nicht zumindest Teile der von uns als wichtig beurteilten Rahmenbedingungen stets und ständig unserer Kontrolle?

Wären wir schonungslos ehrlich mit uns selbst, müssten wir erkennen: Entweder jemand hilft uns bei dieser Aufgabe oder wir verzehren uns in Stress und innerer Anspannung – es sei denn, wir verdrängen die wesentlichen Fakten. Die beiden letztgenannten Alternativen klingen nicht gera-de nach dem Gefühl innerer Unabhängigkeit oder Balance. Somit bleibt die Einsicht: *Wir brauchen beim Führen Hilfe. Wir können nicht alleine dafür sorgen, dass wir gute Entscheidungen treffen und umsetzen.*

Was Paul Imhof und Paulus sagen wollen, ist letzt-lich genau dies: Wir werden erst wirklich frei und *unabhängig* sein, wenn wir zugeben, dass wir Hilfe brauchen, wenn wir uns also für *abhängig* erklären.

Das ist wieder so eine Paradoxie, deren Sinn man erst auf den zweiten Blick versteht und die Zugang zu dem zweiten wichtigen Gedanken in beiden Zitaten schafft: Wenn erst die Abhängigkeit unabhängig macht, sollten wir gut überlegen, *von wem oder von was* wir dann abhängig sein wollen: Wäre es nicht am Besten, wenn das etwas *Größeres, Genialeres* wäre als wir es sind – damit die Hilfe wirklich *effektiv* ist?

Beide Gedanken erfordern Demut. Es ist ein Akt der Demut zuzugeben, was wir ohnehin alle tief in uns wissen, nämlich: dass wir die Dinge nicht alleine hinbekommen, dass wir Unterstützung brauchen und daher in gewissem Sinne auf Begleitung anderer angewiesen sind. Und es erfordert Demut, uns von jemandem abhängig zu machen, der uns *über* ist.

In vielen Alltagsfragen reicht die Einsicht in den Umstand, dass wir *von anderen Menschen* abhängig sind, getreu dem Motto: ein Chef ist nichts ohne seine Mitarbeiterinnen und Mitarbeiter.

Relativ schnell stoßen wir bei diesem Gedanken aber an Grenzen: Es ist eben, gerade für Führungskräfte, ein „zweifelhaftes Vergnügen", von Menschen abhängig zu sein. In solchen Situationen fragen wir uns zu Recht:

- Welchen Menschen können wir wirklich vertrauen?
- An welche Menschen können wir Verantwortung delegieren?
- Werden sie wirklich genauso gute oder sogar bessere Entscheidungen treffen wie wir?
- Sind diese Menschen mit ihren Stärken wirklich besser als wir selbst?
- Welche Eigeninteressen schwingen mit, wenn diese Menschen uns helfen?
- Was werden sie von uns halten und zu was werden sie uns bringen, wenn sie merken, dass wir auf sie angewiesen sind?

Und dann gibt es Situationen, in denen wir mit unseren Entscheidungen von Rahmenbedingungen abhängig sind, die ohnehin nur ganz unwesentlich von einzelnen *Menschen* beeinflusst werden können: makro-ökonomische Zyklen, die oft irrationale Auf- und Abwärtsentwicklung von Märkten, plötzliche Entwicklungssprünge, Schocks, Unfälle, kleinere oder größere Katastrophen ...

Auch hier sind wir wieder nicht Herr unserer selbst. Wer dann? Manche nennen es *Schicksal*, manchmal ist es *Zufall*. Ich glaube, dass *Gott* unser Leben wesentlich bestimmt – ob wir an ihn glauben oder nicht.

Mit der Gottesfrage hat sich Paulus intensiv auseinandergesetzt. In einem Brief an eine Gemeinde schreibt er sinngemäß zum Beispiel folgendes:

Gäbe es *tatsächlich* keinen Gott, dann wäre das gesamte Leben völlig sinn- und wertlos Dann gäbe es keinen tieferen Grund für Moral, letztlich kein Gegenüber für alles Edle, was den Menschen ausmacht. Alles wäre dann Zufall, ohne Sinn und tiefere Bedeutung. Niemand würde jemals den fest in uns angelegten menschlichen Sehnsüchten nach Gerechtigkeit, Frieden, Ruhe, Liebe ... Sinn eine echte Rechtfertigung geben. Die tief aus jeder menschlichen Seele immer wieder emporsteigende Frage: „Warum bin ich?" würde in ein Telefon hineingefragt, während man bereits die Daueransage hören kann: „Kein Anschluss unter dieser Nummer".

Gäbe es allerdings einen Gott, dann hätte dies viele Folgen für den Alltag: Es gäbe einen Grund für Moral und für einen guten, ausgewogenen Charakter. Wir hätten allen Grund zu Bescheidenheit und Demut, aber auch allen Grund zu Mut und Entschlossenheit. Wir wären ja, wie Paulus schreibt, als Führungskräfte stets „Diener einer höheren Sache", die der Auftraggeber selbst mit betreibt, vermutlich sogar in den meisten wirklich ausschlaggebenden Faktoren. Wir suchten dann, wie Paulus, die Nähe zu Gott, weil uns sonst der wesentliche Rahmen für unser eigenes Handeln fehlte.

Diesen Gedanken denken kann nur, wer demütig ist. Demut bedeutet in diesem Sinne: Wir müssen uns nicht um alles selbst kümmern. Wir können es nicht mal. Manches ist uns als Rahmen gesetzt, manches kann von anderen besorgt werden.

Vieles, viel mehr als wir denken, werden wir nur dem anvertrauen können, der größer und genialer ist als wir selbst – ob wir das wollen oder nicht.

Bereits mit diesem Akt der Demut betreten wir den spirituellen Raum mit seinen ganz eigenen, für uns eben manchmal paradox erscheinenden, überraschenden Gesetzmäßigkeiten und Wirkungsweisen. In diesem Zusammenhang würde uns vielleicht folgendes überraschen:

- Noch im Moment unserer „Demütigung" werden wir unerwartet „geadelt", denn immer, wenn wir mit anderen Menschen zu tun haben, und erst recht, wenn wir andere führen, wenn wir Entscheidungen zu treffen haben, die das Leben von Menschen beeinflussen, sind wir nach diesem Gedanken „im Auftrag des Herrn unterwegs" – folgen wir letztlich einer spirituellen Mission.

- Ausgerechnet in dem Moment, in dem wir endlich unsere Grenzen akzeptieren, werden wir auch schon wieder in die Weite geführt: denn nun können wir in innerer Unabhängigkeit, in Gelassenheit, unsere Entscheidungen treffen. Jetzt können wir risikobereit, mutig, entschlossen sein. Nicht, weil wir „Helden" wären – denn wir wissen ja, wenn wir ehrlich sind, dass wir so nicht sind – sondern weil wir mit „*dem* Helden" zusammenarbeiten.

Ein Bild macht es anschaulich: Gott ist quasi der „Pilot" meiner Lebensberufung und ich selbst nur der „Copilot". Der Pilot bestimmt den Kurs, er ist die letzte Instanz. Er greift ein, wenn etwas Unvorhergesehenes passiert. Er setzt der Rahmen – alles was der Copilot unternimmt, macht er unter der weisen Aufsicht und Führung des Piloten.

Paulus glaubte, dass sein Leben auf geheimnisvolle Weise in Gottes Pläne eingewoben war. Dass er war, wer er war, weil Gott das so wollte. Hieraus leitete sich der Sinn für sein Leben ab – nicht aus seinen Leistungen oder Erfolgen. Daher schrieb er: *Wenn ich schwach bin, bin ich stark.*

**Einige Fragen zur Selbstreflexion:**

Lebe ich – gerade, wenn ich viel leisten kann – in dem Bewusstsein, lediglich der „Copilot meines Lebens" zu sein – auch „nur" der „Copilot meiner Führungsaufgabe"?

Übertragen auf meinen Arbeitsalltag: Wie sieht die genannte Arbeitsteilung Pilot/Copilot konkret aus? Was sind meine „Copiloten-Aufgaben", was sind Dinge, die ich dem „Piloten" überlasse?

Wann ist mir das letzte Mal in einer konkreten Situation bewusst geworden, dass ich die Dinge nicht „im Griff hatte", dass ich tatsächlich nur der Copilot und nicht der Pilot bin?

Wie kann ich lernen, öfter in dieser Haltung zu leben, zu arbeiten und zu leiten? Welche Folgen hat dies für mein Verhalten als Führungskraft?

Wie kann ich lernen, Gott mehr zu vertrauen und von ihm Impulse für meinen Alltag zu erhalten?

## 2. Demut bewahrt vor Selbstüberschätzung

*Ich selbst komme nur als euer Diener in Betracht, und das bin ich, weil ich Christus diene. ... Ich trage diesen Schatz in einem ganz gewöhnlichen, zerbrechlichen Gefäß. Denn es soll deutlich sichtbar sein, dass das Übermaß an Kraft, mit dem ich wirke, von Gott kommt und nicht aus mir selbst* (2. Korintherbrief 4,5b und 7).

*Der Herr hat zu mir gesagt: „Du brauchst nicht mehr als meine Gnade. Je schwächer du bist, desto stärker erweist sich an dir meine Kraft. Jetzt trage ich meine Schwäche gern, ja, ich bin stolz darauf, weil dann Christus seine Kraft an mir erweisen kann. Darum freue ich mich über meine Schwächen ... Denn gerade, wenn ich schwach bin, dann bin ich stark."* (2. Korintherbrief 12,9 und 10b).

Paulus, das haben wir bereits erfahren, war ein hochgebildeter und geachteter Mann, der in dem Bewusstsein lebte, zur Elite seines Volks zu zählen. Er betrachtete sich als Verteidiger des rechten jüdischen Glaubens. Aus diesem Grund verfolgte er mit großer Hingabe die neu entstehende Kirche.

Bis zum Zeitpunkt seiner Bekehrung war sein Weltbild eindeutig gewesen: schwarz-weiß. Er wußte immer, was zu tun war. Dafür gab es schließlich die Thora, die mosaischen Gesetze, die die Pharisäer immer weiter spezifiziert hatten, so dass in jedem Lebensbereich klar geregelt war, was richtig und was falsch ist.

So denken auch heute viele Führungskräfte. Sie setzen Regeln (oder verwalten die „von oben" gesetzten Regeln) und erwarten, dass sich alle daran halten. Diese Regeln geben ihnen Sicherheit, sie helfen bei der Orientierung, was richtig und was falsch ist. Es ist ein angenehmes Gefühl, zu wissen, was richtig und was falsch ist, denn so kann man letztlich niemals verantwortlich gemacht werden, wenn etwas Unvorhergesehenes geschieht: Man hat schließlich getan, was als „richtig" galt – nicht mehr und nicht weniger.

Es ist ein noch angenehmeres Gefühl, über „richtig" und „falsch" die Deutungshoheit zu besitzen, denn dann kann man für „richtig" erklären, was einem selbst liegt und für „falsch", was einem eher fremd ist.

Das Leben belohnt ein solches Denken langfristig nicht. Vieles ist eben unklar oder wird eher „zwischen den Zeilen" entdeckt. In Bezug auf die

Wirkung von Entscheidungen gibt es meist nicht die simplen Kausalketten, die wir uns so wünschen.

Fast alle schweren Finanzkrisen der letzten Jahrzehnte traten zum Beispiel ein, weil die Akteure an zu simple Kausalketten geglaubt hatten und daher oft alle den gleichen Fehler machten. Weil unerwartete, unwahrscheinliche Risiken einfach ausgeblendet wurden und dorthin führende Entscheidungen daher nicht der Kategorie „falsch" zugeordnet wurden. Ein fachkundiger Beobachter meinte dazu: „Sie sehen, was sie sehen. Sie sehen nicht, was sie nicht sehen. Und sie sehen nicht, dass sie nicht sehen, was sie nicht sehen."

Nur wenn wir wirklich glauben, das Leben sei einfach, können wir annehmen, wir könnten es „in den Griff" bekommen. *Der Beginn der Selbstüberschätzung, so könnte man sagen, ist die Unterschätzung der Komplexität des Lebens.*

So war das auch bei Paulus. Dann kam Damaskus — und sein bis dahin so einfaches Weltbild zerbrach in tausend Stücke. Nichts war mehr „simpel", Unerwartetes geschah: Paulus erblindete und musste von seinen Soldaten zurück in die Stadt Damaskus geführt werden. Dort lernte er den Christen Hananias kennen, dessen Gebet seine Blindheit beendete.

In der Folgezeit musste Paulus vieles neu lernen: sein religiöses Bewusstsein wurde neu kalibriert. Das Meiste von dem, was ihm bisher wichtig war, wurde unbedeutend. Viele Dinge, an die er bis dahin nicht geglaubt, ja, die er sogar aktiv bekämpft hatte, erwiesen sich jetzt als tragfähiger als seine bisherigen Überzeugungen. Paulus erlebte einen *Paradigmenwechsel.* Ihm wurden zwei Dinge klar:

1. Das Leben lässt sich nicht so eindeutig aufgrund von *Regeln* gestalten, wie er bisher dachte.
2. Es folgt insbesondere nicht einfach *seinen* Regeln – seinen „Wahr – Falsch"-Kategorien.

Paulus musste einsehen, dass er sich in manchen Einschätzungen *fundamental* geirrt hatte. Das macht demütig. Ein solches Erlebnis führt in die Selbstreflexion. Der dadurch angestoßene Heilungsprozess wirkt dämpfend auf das Phänomen der Selbstüberschätzung.

Klassische Alphatiere haben es in diesem Punkt besonders schwer. Sie sind derart davon überzeugt, die „Regeln des Lebens" verstanden und in der richtigen Weise für sich nutzbar gemacht zu haben, dass sie oft nicht mehr bereit sind, einen notwendigen Paradigmenwechsel zu vollziehen. Die Bibel nennt diese Haltung „verstockt". Das Problem ist dabei nicht die starke Persönlichkeit des Alphatiers. Das Problem ist die *Unbelehrbarkeit*.

Ich möchte an dieser Stelle eine kleine Übung einfügen. Als Sie die letzten Sätze gelesen haben, sind Ihnen da folgende Gedanken durch den Kopf gegangen?

- Der Autor malt hier aber ziemlich schwarz-weiß.
- Ich habe mir hinsichtlich meiner Entscheidungen der letzten Jahre im Grunde nichts vorzuwerfen. Mir geht es gut damit.
- Ich scheine die „Regeln des Lebens" also nicht ganz falsch verstanden zu haben.
- Nicht jeder irrt sich hinsichtlich seiner fundamentalen Annahmen so wie Paulus.
- Nicht jeder braucht einen Paradigmenwechsel — ich brauche so etwas, zumindest derzeit, nicht.
- Vielleicht bin ich in diesen Dingen ja wirklich etwas besser als viele andere ...

Sind Ihnen zumindest einige dieser Gedanken durch den Kopf gegangen? Dann gehören Sie zumindest zur *Risikogruppe* der Unbelehrbaren.

Die Wahrheit ist: *Jeder* irrt sich sehr viel häufiger als er denkt. Wir *alle* folgen bei Entscheidungen unerkannten Mustern, die aus unserer Vergangenheit kommen und unser heutiges Verhalten kontrollieren, obwohl sie in bestimmten Situationen *nicht* angemessen sind. Wir sind bei weitem nicht so reflektiert, selbstkritisch und ausgeglichen, wie wir zu sein meinen. Die meisten Menschen ahnen das, obwohl sie keine Beweise dafür haben – und stimmen sich daher gerne mit anderen Menschen – und wenn sie religiös sind auch mit Gott – ab. Sie delegieren bereitwillig und arbeiten trotz mancher emotionaler Komplikationen gerne im Team.

Typische Alphatiere tun solche Dinge selten – oder nur als lästige Pflichtübung. Im Grunde halten sie nur für richtig, was sie selbst denken und tun. Und sind – ganz tief innen – ziemlich stolz darauf. Sie begründen diese Haltung mit ihren außergewöhnlichen Begabungen, mit ihrer guten Bildung, mit ihrer ungewöhnlichen Biographie, mit ihrer daraus erwachsenen starken Persönlichkeit … und merken gar nicht, dass sie sich irren. Dass sie die Botschaft *„Ich bin den Anderen über – was kann ich dafür?"* wie eine Droge brauchen und sich deshalb etwas vormachen. Weil ihr Selbstwertgefühl eben nicht in Ordnung, sondern gestört ist.

Einer *wirklich* starken Persönlichkeit steht Demut *nicht* im Wege. Im Gegenteil, echte Demut setzt in gewisser Hinsicht sogar persönliche Stärke voraus. Denn für den, der schwach und passiv ist, ist Demut nicht eigentlich Demut sondern Unsicherheit und mangelnde Selbstannahme.

Demut ist richtig „echt", wenn ein Starker seine Knie beugt. Wenn Jemand, der weiß, was er kann, zusätzlich lernt, was er alles *nicht* kann, und sich daher auf sein Können, seine Stärke nichts (mehr) einbildet. Wenn er realisiert, was er alles *nicht* im Griff hat, um sich dann auf Gott einlassen zu können und *echten* Selbstwert zu lernen.

Paulus war durchdrungen von dem Gedanken, dass er sich, gerade als „Starker", relativieren muss, um für Gott einsetzbar und für andere Menschen erträglich zu sein. Dass er weniger werden muss, damit Gott in ihm zunehmen kann:

Der Herr hat zu mir gesagt: „Du brauchst nicht mehr als meine Gnade. Je schwächer du bist, desto stärker erweist sich an dir meine Kraft." Jetzt trage ich meine Schwäche gern ...

**Einige Fragen zur Selbstreflexion:**

Empfinde ich mich als stark und leistungsfähig?

Meine ich zu wissen, „wie das Leben läuft"?

Was sind meine Paradigmen – für mein Leben ganz generell und für mein Verhalten als Führungskraft?

Wann habe ich dies zum letzten Mal in Frage gestellt bzw. mit Hilfe anderer Menschen überprüft?

Gab es „Damaskus-Erlebnisse", also unerwartete, starke Brüche in meinem Leben? Wie habe ich diese erlebt? Konnte ich diesen Situationen auch gute Seiten abgewinnen?

Ist mir heute die „Botschaft hinter diesen Erlebnissen" klar? Worin besteht / bestand sie? Sollte ich – wie Paulus – Paradigmen überdenken oder korrigieren?

Wie kann ich mir bewusster machen, dass alles, was ich kann und habe, letztlich von Gott kommt und dass ich vieles deshalb nicht im Griff haben muss?

Wo kann ich meine persönlichen Ziele, Verhaltensweisen und Überzeugungen in meinem Alltag als Führungskraft mehr zurücknehmen, so dass Gott mehr Unerwartetes, Paradoxes, in meinem Leben tun kann und auch mehr Freiraum für Kollegen und ihre Gaben bleibt?

# 3. Demut hilft, echten Selbst-Wert zu empfinden

Wer sich selbst oder seine Leistungen unterschätzt, dessen Selbstwertgefühl ist gering. Wer sich selbst oder seine Leistungen ständig überzeichnen muss, um sich seines Wertes zu versichern, dessen Selbstwertgefühl ist in Wahrheit ebenso gering.

Sehr viele Menschen leben daher mit einem geringen Selbstwertgefühl. Sie haben nur unterschiedliche Wege entwickelt, mit diesem Umstand umzugehen: Die einen sehen sich schnell als Opfer, die anderen versuchen es mit der Heldenrolle. Beides sind Karikaturen, Zerrbilder der Wirklichkeit, die wir benutzen, um unsere Probleme mit uns selbst zu verdrängen.

Mein Wert hängt in Wahrheit aber nicht von meiner Leistung oder von meinem Ansehen ab. Wert und Würde habe ich, weil ich ein Geschöpf Gottes bin. Demut hilft mir, *gott*bewusst zu leben und aus dieser Haltung heraus *selbst*bewusst zu werden. Aus dem Bewusstsein, wer ich für Gott bin, werde ich „mir meiner selbst bewusst" und das unabhängig von dem, was ich leiste.

Lassen wir zur Vertiefung dieses Gedankens noch einmal Paulus zu Wort kommen: *Soviel Selbstvertrauen habe ich vor Gott, weil Christus mich in seinen Dienst gestellt hat. Ich meine nicht, dass ich einem solchen Auftrag aus eigener Kraft gewachsen bin und mir irgendetwas selbst zuschreiben kann. Gott ist es, der mir die Fähigkeit dazu geschenkt hat* (2. Korintherbrief 3,4–5).

Der erste Satz klingt so, als sei der Berufungswechsel vom Christusverfolger zum Christusdiener tatsächlich erst der Beginn des Aufbaus von „echtem" Selbstbewusstsein gewesen. Daher fällt es ihm anscheinend leicht, zu betonen, dass er seiner Aufgabe aus eigener Kraft nicht gewachsen ist. Er geht sogar noch weiter: offenbar schreibt er sich wirklich seinen Führungserfolg überhaupt nicht selbst zu, nicht einmal ganz „tief drinnen". Und wir wissen, er hatte wirklich großen Erfolg mit seiner Führung.

Ich spüre diesem Text zwei an sich widerstreitende Haltungen gleichzeitig ab: Ein großes Selbstbewusstsein, das aber nichts von Stolz hat, absolut nichts Aufdringliches. Und ich empfinde, dass der Paradigmenwechsel, von dem ich im vorhergehenden Kapitel gesprochen habe, ganz offensichtlich Wirkung gezeigt hat. Er ist Paulus „in Fleisch und Blut" übergegangen. Die unerwartete Folge daraus

klingt paradox: Paulus hat ein höheres Selbstwertgefühl als vorher, obwohl er sich nun als wesentlich
schwächer und unbedeutender einschätzt.

Menschlich gesehen ist der Selbstwert davon abhängig, was wir an *messbaren Erfolgen* vorzuweisen
haben: Noten, Rangplätze bei Wettbewerben, Um-
sätze und Gewinne, Gehalt oder Wohlstand, Stufen
auf der Karriereleiter, Macht, Bekanntheit, Ansehen ...

Geistlich gesehen entsteht Selbstwert aus der
Tatsache, dass wir geliebte Geschöpfe sind. Auch
hier leisten wir etwas, sind wir aktiv und oft auch
erfolgreich, aber unser Selbstwert hängt nicht davon ab. Daher müssen wir unseren Beitrag nicht
überzeichnen.

Und: Wir erzielen die Erfolge *immer* in Gemeinschaft mit dem Schöpfer, meist sogar gemeinsam
mit anderen Menschen. Erfolg ist daher immer
Gruppenerfolg – was auch der Wahrheit oft näher
kommt als besonders herausgestellte Einzelleis-
tungen. Dass ein Mensch *allein* für einen wichtigen
Fortschritt oder auch eine böse Tat verantwortlich
ist, ist in der Weltgeschichte sehr selten.

Die Frage, wer letztlich für welchen Erfolg oder
Misserfolg in welcher Form wichtig ist, wird, wenn
sie den Selbstwert nicht mehr beeinflusst, vollkom-
men unwichtig. Hiervon frei zu sein, erfordert aber

Demut. Die unerwartete Folge ist: unser Selbstwertgefühl *steigt,* unsere Freiheit *nimmt zu,* auch die, uns nicht zu überschätzen und demütig zu sein. Das ist die typische Wirkungskette eines geistlichen Paradoxons.

**Einige Fragen zur Selbstreflexion:**

Geht mir oft die Frage durch den Kopf, ob ich für einen Erfolg oder Misserfolg wichtig bin?

Bin ich mir meiner wahren Motive bewusst, wenn ich meine Leistungen herausstelle oder auch,wenn ich dazu neige, sie „unter den Scheffel zu stellen"?

Woher beziehe ich mein Selbstwertgefühl?

Wie bemesse ich den Wert anderer Menschen?

Ist es mir wichtig, dass andere wissen, was ich leisten kann?
Setzt mich das andererseits auch unter Druck?
Setzt mein Bedürfnis nach Anerkennung durch Leistung und Ansehen meine Mitarbeiter unter Druck?

# 4. Demut hilft, unabhängiger von Menschen, Situationen und Umständen zu werden

Wenn unser Selbstwert von unseren Leistungen und unserem „Stand in der Gesellschaft" unabhängiger wird, können wir schrittweise lernen, Menschen aus der Pflicht zu entlassen, uns Selbstwert zu verschaffen. Wir können den Druck von unseren Mitarbeitern nehmen, uns bestätigen zu müssen, und auch den, uns ihren „Wert" durch ihre Leistung immer wieder nachzuweisen.

Wenn wir Menschen nicht länger benutzen, um uns unseres Wertes zu versichern, dann sind wir von ihnen unabhängig. Wir können uns daher einerseits als ihren Diener sehen und andererseits auch von ihnen abhängig sein, wenn dies sinnvoll ist, um dann gelassen mit ihnen *zusammen*zuarbeiten.

Paulus hat aus dieser Haltung heraus zum Beispiel grundsätzlich selbst für seinen Unterhalt gearbeitet. Er begründet das damit, dass er sich nicht abhängig von anderen Menschen machen will, damit er ihnen ohne Eigeninteressen dienen kann und auch sie ohne Nebengedanken mit ihm zusammenarbeiten.

Wer Mitarbeiter führt, muss wissen und auch thematisieren, wer im Team eine gute Leistung bringt und wer nicht. Demut hilft, diese Frage nicht mit unseren Interessen als Person in Zusammenhang zu bringen. Sie macht es möglich, dass wir nicht unbewusst diejenigen bevorzugen, die für uns wichtig sind, oder auf unserem Weg zum Erfolg kommen. Sie hilft, Misserfolge nicht dazu zu nutzen, andere „abzustrafen", sondern uns stattdessen ganz sachlich darauf zu konzentrieren, was zu diesem Misserfolg geführt hat. Demut lenkt den Blick auf das, was wir als Führungskräfte tun können, um dem Mitarbeiter, dem Team und damit auch der gesamten Organisation zu mehr Erfolg zu verhelfen.

Demut kann es sogar leichter machen, Konflikte durchzustehen oder sich im Extremfall von Mitarbeitern zu trennen. Denn unser Selbstwert hängt nicht mehr so stark davon ab, was andere von uns denken. Wir brauchen keine Energie mehr in Imagepflege zu investieren. Wir können uns also von einem Mitarbeiter, wenn es wirklich sachliche Gründe dafür gibt, in einer Haltung der Demut auch trennen. Zuvor sollten wir als Führungskraft versucht haben, die Situation des Mitarbeiters besser zu verstehen. Wir sollten „die dritte Meile" mit diesem Mitarbeiter gegangen sein. Manchmal erleben wir dann aber, dass der Mitarbeiter, selbst wenn er faire Chancen hatte, diese einfach nicht in dem Maße nutzen konnte oder wollte, wie wir uns das vorgestellt hatten – aus welchen Gründen auch immer.

Demut eröffnet den Weg dafür, auch harte Entscheidungen klar und eindeutig treffen zu können und dabei ein ruhiges Gewissen zu haben. Das Dienen kann in dieser Phase darin bestehen, dem Mitarbeiter zu helfen, einen neuen Job zu finden, der besser zu seinen Stärken passt.

Wenn wir wissen, dass Gott der Pilot und wir nur Copiloten unserer Führungsaufgabe sind, dann werden wir auch von den Umständen des Lebens unabhängiger.

Paulus schreibt: *Mit großer Geduld ertrage ich Sorgen, Nöte und Schwierigkeiten ... Es macht mir nichts aus, ob ich geehrt oder beleidigt werde, ob man Gutes über mich redet oder Schlechtes. Ich werde als Betrüger verdächtigt und bin doch ehrlich. Ich werde verkannt und bin doch anerkannt. Ich bin ein Sterbender, und doch lebe ich. Ich werde misshandelt, und doch komme ich nicht um. Ich erlebe Kummer und bin doch immer fröhlich. Ich bin arm wie ein Bettler und mache doch viele reich. Ich besitze nichts und habe doch alles* (2. Korintherbrief 6,4b; 8–10). Was für eine Gelassenheit spricht aus diesen Sätzen.

Ohne dass man den Eindruck hätte, die Worte gingen Paulus leicht über die Lippen.

Wenn wir nicht ständig für „günstige Umstände" sorgen müssen, wenn uns der Satz „Jeder ist seines Glückes Schmied" nicht mehr wie eine Kassandra verfolgen und zu Höchstleistungen antreiben darf – wie frei sind wir dann!

Erst dann können wir verantwortlich handeln, wenn uns „die Umstände", unsere Mitarbeiter oder unsere Kunden nicht mehr bestimmen, wir ihnen gelassen dienen und damit in Freiheit unserer eigentlichen Bestimmung folgen können.

Allen Umsatzverantwortlichen, und das sind die meisten Führungskräfte, möchte ich im Zusammenhang mit dem Herbeiführen „günstiger Umstände" einige kritische Fragen stellen:

· Wenn wir beim Verkaufen ehrlich unsere „tiefste Motivation" nennen, sollen uns dann die Kunden dienen, indem sie uns beauftragen, oder wollen wir wirklich den Kunden dienen, indem wir ihnen das Beste anbieten, was wir haben?

· Wollen wir vor allem etwas von den potentiellen Kunden (ihr Geld) oder sollen sie vor allem etwas von uns erhalten (unsere beste Leistung)?

· Bieten wir unsere Leistung nur an, wenn sie wirklich hilft, oder auch, wenn sie das nicht tut, der Kunde davon aber (noch) nichts gemerkt hat und wir somit trotzdem „den Abschluss" machen können?

Dass sich hinter diesen Fragen tiefe geistliche Wahrheiten verbergen, zeigt die wiederum paradoxe Wirkung, die gute Vertriebsleute auf ihre Kunden haben. Gerade weil man ihnen abspürt, dass sie *nicht* vor allem nach einem Auftrag gieren, beauftragt man sie gerne. Das erkennbare Motiv, dem Kunden helfen zu wollen, einen für ihn wichtigen Missstand zu beheben, wird diesen motivieren, die Leistung auch angemessen zu bezahlen.

Meist entscheidet sich sehr früh in einer Vertriebs- oder Führungskarriere, welchem Basisprinzip man folgen will: dem selbstbezogenen oder dem dienenden Grundsatz. Es ist im Alltag sehr schwer, mal dem einen, mal dem anderen Prinzip zu folgen:

- Die einen werden versuchen, auch wenn sie es vielleicht nicht immer schaffen, so zu leben wie Paulus das beschreibt. Sie werden demütig die Umstände annehmen, um sie anschließend langsam und nachhaltig zu verändern. Man wird ihnen anmerken, dass es ihnen nicht primär um den eigenen Vorteil geht, sondern vielmehr um das Wohlergehen des Kunden. Das schließt ein, diesen meist langsam und schrittweise davon zu überzeugen, dass man ihm mit dem, was man anbietet, tatsächlich weiterhelfen kann. Sie werden damit in aller Regel langfristig erfolgreich sein und daher kurzfristig auch Rückschläge in Kauf nehmen. Dieses Verhalten *bildet* Charakter – Wahrhaftigkeit, Geduld, Freundlichkeit und vieles mehr wächst in uns.

- Die anderen werden stets versuchen, die eigenen Leistungen oder die von ihnen angebotenen Produkte oder Dienstleistungen in ein möglichst optimales Licht zu stellen, ob das den Tatsachen entspricht oder nicht. Sie werden freundlich sein, um etwas zu erreichen, den „Abschluss zu machen". Ob es für den Kunden hilfreich ist, steht dabei im Hintergrund. Eine Zeit lang werden sie damit ihr „Quartalssoll" erfüllen. Sie werden aber selten langfristig erfolgreich und nie wirklich zufrieden und glücklich sein. Dieses Verhalten *zerstört* Charakter, zieht Unwahrhaftigkeit, Ungeduld und Heuchelei nach sich.

Es ist ein Akt der Demut, nicht alles herbeiführen zu müssen, was uns nützt, nicht alles „managen" zu müssen, was uns stört, nicht alles ändern zu müssen, was uns zu schaffen macht. Und es erfordert Mut, denn erst wenn wir den Dingen schonungslos in die Augen schauen und sie, zumindest für den Moment, tapfer ertragen, können wir nachhaltig gestaltend und tatkräftig auf sie einwirken.

Sind wir dagegen von der Überwindung unserer Umstände *abhängig*, weil wir den Ist-Zustand nicht ertragen können oder unseren Selbstwert daran gebunden haben, sind wir weder frei noch nachhaltig effektiv. Auch dann nicht, wenn es uns immer wieder gelingt, uns kurzfristig solcher Umstände zu entledigen und so unser brüchiges Selbstwertgefühl zu beruhigen.

Der Religionsphilosoph Romano Guardini schreibt in seinem Buch „Tugenden"[3] in diesem Zusammenhang folgendes:

*Tapferkeit bedeutet, … dem Leben standzuhalten, wie es kommt: einmal, weil man die Gefahr besser überwindet, wenn man ihr entgegengeht, als wenn man sich von ihr einschüchtern lässt; den Schmerz leichter bewältigt, wenn man ihn frei erträgt, als wenn man sich in ihm verkrampft.*

*Dann aber gehört auch das Schwere zu unserem Leben. Es ist uns zugewiesen. Wenn wir ihm standhalten wird es zum Gewinn. In jeder Situation liegt eine Möglichkeit, zu wachsen, mehr Mensch zu werden*

*– jener Mensch, der man sein soll. Diese Möglichkeit verspielen wir, wenn wir ausweichen.*

*Der Mut, der das Leben annimmt und ihm von Mal zu Mal tapfer begegnet, ist überzeugt, dass im eigenen Inneren etwas ist, was nicht zerstört werden kann, vielmehr aus allem Nahrung zieht, das durch alles stärker, reicher, tiefer wird, wenn es richtig durchlebt wird – deshalb, weil es aus Gottes Schöpfermacht kommt.*

Weil wir abhängig vom Unabhängigen sind – und hiermit kommen wir zum Umkehrschluss des Zitates von Paul Imhof – sind wir nun unabhängig vom Abhängigen: seien es andere Menschen, seien es ungünstige Umstände oder auch „günstige Gelegenheiten".

**Einige Fragen zur Selbstreflexion:**

Von wem oder was bin ich abhängig?

Wo steuern mich andere Menschen, ungünstige Umstände oder vermeintlich günstige Gelegenheiten?

Bei welchen dieser Punkte ist die Abhängigkeit für mich akzeptabel, bei welchen empfinde ich einen unguten Zwang?

Was würde es mich kosten, mich hiervon unabhängig zu erklären?

Welche konkreten Schritte müsste ich gehen?

Wer könnte mir dabei helfen?

# 5. Demut hilft, Ziele zu präzisieren

Ohne den Ballast von Selbstüberschätzung und Selbstanklage und ohne die Unfreiheit, die aus unguten Abhängigkeiten erwächst, sind wir endlich frei für die eigentlichen Ziele unseres Lebens.

Jesus sagt, die wichtigsten Ziele des Lebens sind: *„Liebe Gott, deinen Vater, von ganzem Herzen, mit ganzer Hingabe und mit all deiner Kraft und deinen Nächsten wie dich selbst".*

Warum es richtig und sinnvoll ist Gott zu lieben, das verdeutlichen die ersten Thesen aus diesem Buch: nur Gott kann uns den richtigen Rahmen für unser Leben setzen, uns helfen, uns auf unsere Rolle als Copiloten zu konzentrieren und uns vor der Selbstüberschätzung bewahren, der Pilot sein zu müssen. Die Tatsache, dass Gott uns geschaffen hat und liebt, gibt uns echten Selbstwert und macht uns von Umständen unabhängiger.

Erfüllung findet unser Leben erst in dieser Rolle: in der Stellung eines Copiloten, der sich seines Selbstwertes gewiss ist und endlich in Ruhe, Bescheidenheit und voller Überzeugung und Leidenschaft „seinen Job machen kann".

Die Dankbarkeit für diese „Jobbeschreibung" wird im Laufe der Zeit bewirken, dass wir beginnen, Gott und seine Wesenszüge zu lieben. Dass wir anfangen zu verstehen, wie bedeutsam es ist, Gottes Sohn als Retter und als Vorbild für unser Leben zu erkennen und ihm in allem nachzueifern. Das stellt Weichen und gibt dem Leben eine andere Ausrichtung.

Wir lernen Schritt für Schritt die Wechselwirkung zwischen unserer Haltung, den Entscheidungen, die wir treffen, und den – oft unerwarteten, weil „seelisch paradoxen" – Wirkungen zu verstehen, die diese auf unser eigenes Leben und unser Umfeld haben. Wir lassen uns damit letztlich auf einen Prozess der Annäherung an die unsichtbare, spirituelle Wirklichkeit um uns herum ein. Durch das Erkennen dieser Wirklichkeit werden wir schrittweise auch Gott als Person erfahren, ihn schätzen und lieben lernen und uns seiner Führung anvertrauen.

Je mehr wir von Gott erkennen, desto mehr wird uns sein Sohn Jesus als perfektes Vorbild für unser eigenes Leben wichtiger werden. Wir werden erkennen: Wenn die Bibel davon spricht, dass wir Jesus „in allem nacheifern" sollen, geht es nicht um einen Zwang (*„Wenn du nicht Jesus nacheiferst, kommst du in die Hölle"*) sondern es handelt sich um eine geniale Einladung (*„Eifere Jesus nach und du wirst*

*Ruhe für deine Seele finden"),* die insbesondere für Führungskräfte kostbar ist, da deren Seele in aller Regel besonders unruhig ist

Das Vorbild Jesu öffnet dann auch schrittweise den Blick für den zweiten Teil des oben zitierten, so genannten „Doppelgebots der Liebe": *Seinen Nächsten lieben zu können wie man sich selbst zu lieben gelernt hat.*

Was das genau bedeutet, muss sehr individuell beantwortet werden. Paulus schreibt:

*Ich könnte ... nun die Vollmacht ausspielen, die der Herr mir gegeben hat. Damit würde ich mich bestimmt nicht übernehmen. Aber ich erhielt meinen Auftrag, um euch als Gemeinde aufzubauen, und nicht, um euch zugrunde zu richten* (2. Korintherbrief 10,8).

*Ich könnte noch vieles aufzählen; aber ich will nur noch eins nennen: wie mir die Sorge um alle Gemeinden täglich zu schaffen macht. Wenn irgendwo jemand schwach ist, bin ich es mit ihm. Und wenn jemand an Gott irre wird, brennt es mich wie Feuer* (2. Korintherbrief 11,28–29).

*Wenn nur ihr das Gute tut, will ich gern auch weiterhin wie ein Schwächling und Versager dastehen. Denn ich kann ja nichts gegen die Wahrheit der Guten Nachricht ausrichten, sondern nur für sie. Deshalb*

*freue ich mich, wenn ich schwach bin und ihr stark seid. Genau darum bete ich zu Gott: Ich bitte ihn, dass er euch wieder zurechtbringt* (2. Korintherbrief 13,7b−9).

Dramatische, leidenschaftliche Sätze. Sie zeigen, dass ein Lebensstil der Demut nicht bedeutet, dass man abstumpft, sondern eher das Gegenteil: dass man nun voller Leidenschaft brennt für das, was die Bibel eine „Lebensberufung" nennt. Paulus' Lebensberufung war der Aufbau von christlichen Gemeinden im Mittelmeerraum. Hierfür brannte, kämpfte, litt er. Zusammen mit dem Geist Gottes.

Demut weckt gute, edle Ziele in uns. Visionen, die aufbauen, nicht zerstören. Ziele, die aus leidenschaftlicher Liebe, nicht aus egoistischem Begehren entstehen. Demut weckt unsere eigentliche Bestimmung, unsere Lebensberufung, in uns.

Eine Lebensberufung hat immer etwas damit zu tun, dass wir in der einen oder anderen Weise anderen Menschen dienen. Dass unser Herz beginnt, für ein bestimmtes Ziel, für die Behebung einer bestimmten Problemlage zu brennen. Diese Berufung kann sich im Wirtschaftsleben abspielen.

Dann würde man vielleicht formulieren: „Ich brenne dafür, dass Menschen gut geführt werden"; „Ich brenne für ein Produkt, dessen Wirkung auf eine bestimmte Zielgruppe mich begeistert"; „Ich brenne für eine bestimmte Kundengruppe und ihre Bedürfnisse ..." Oder aber sie führt dazu, dass ich mich ehrenamtlich im Bildungs-, im Gesundheits- oder im Sozialsystem, in der Kirche, engagiere. Meine Vision kann mich in Deutschland halten oder in andere Regionen der Welt führen.

Sie muss mich aber wirklich „anstecken" — wo immer ich hingehe, was immer ich tue.

**Einige Fragen zur Selbstreflexion:**

Wofür bringe ich derzeit die meiste Zeit beziehungsweise Energie auf?

Welchen Zielen widme ich mein Leben?

Sind das wirklich Lebensziele? Will ich das?

Habe ich auch spirituelle Ziele – und wenn ja, wie setze ich derzeit die beiden wichtigsten christlichen Ziele um – die Gottes- und die Nächstenliebe?

Wofür brennt mein Herz, wenn ich nicht primär an meine eigenen Interessen denke? Für welche Gruppe von Menschen, für welchen Missstand?

Was kann ich tun, um hier konkrete Ziele zu definieren und umzusetzen?

Was bedeutet dies für meine Führungsaufgabe?

# 6. Demut hilft, der Realität ins Auge zu sehen

Wenn uns keine Wunschbilder mehr prägen — wenn wir uns und unsere Bedeutung nicht mehr so wichtig nehmen, wenn wir Klarheit über unsere Beziehungen zu anderen, über unsere Aufgaben und Ziele haben — dann können wir den Blick auch frei auf das richten, was *wirklich* wesentlich ist.

In der Bibel heißt es: *Die Wahrheit wird euch frei machen.*

Demut unterbricht den Zwang, uns die Realität in rosaroten Farben erscheinen zu lassen. Weil wir nicht unter dem Zwang stehen, etwas für wahr halten zu müssen, damit es uns nützt. Demut bahnt den Weg in die Wirklichkeit, in die Gegenwart dessen, was wirklich wahr ist, ob es uns gefällt oder nicht.

Erst wenn wir eine bestimmte Situation zweckfrei analysieren können — also nichts von ihr erwarten, nichts „haben wollen", sie nicht vor allem als „gute Gelegenheit" zur Erfüllung unserer eigenen Ziele sehen, dann sehen wir, was Gott in dieser Situation für uns bereit hält. Wir entdecken die Realität. Diese

Wahrheit macht uns frei, denn nun können wir – in aller Freiheit – angemessen und kreativ auf diese Situation reagieren.

In Bezug auf das Wirtschaftsleben ist ein weiterer Aspekt wichtig, den Romanc Guardini in seinem bereits zitierten Buch „Tugender" zunächst vor allem auf den Staat bezieht [4]:

*Es ist ja doch nicht zufällig, dass immer dann, wenn aus dem Staat, dessen Grundlagen Recht und Freiheit sein sollten, die Gewaltherrschaft wird, im gleichen Maße auch die Lüge wächst. Mehr noch: dass die Wahrheit entwertet wird; sie aufhört, Norm zu sein, und an ihre Stelle der Erfolg tritt. Warum? Weil durch die Wahrheit der Geist des Menschen sich immer neu in seinem Wesensrecht bestätigt; die Person sich ihrer Würde und Freiheit vergewissert.*

*Wenn sie sagt: So ist es, und diese Aussage öffentliches Gewicht hat, weil die Wahrheit in Ehren steht, dann ist das ein Schutz, auch gegen den Machtwillen, der in jedem Staatswesen wirkt. Gelingt es diesem, die Wahrheit zu entwerten, dann ist der Einzelne preisgegeben. Der grauenvollste Ausdruck von Gewalt ist, wenn dem Menschen sein Wahrheitsgewissen gebrochen wird, so dass er gar nicht mehr im Stande ist zu sagen: „Das ist ... das ist nicht".*

*Über jene, die das tun – in der politischen Praxis, im Rechtsleben und wo immer – sollte der klare Anblick dessen kommen, was sie tun: dass sie dem Menschen sein Menschsein nehmen. Er würde sie zermalmen. Die Wahrheit ist es auch, wodurch der Mensch in sich selbst Stand fasst, zum Charakter wird.*

Die Ökonomie kann, vor allem in der heutigen Zeit, die wie keine vor ihr auch gesellschaftlich vom Wirtschaftssystem geprägt wird, genau den Zwang ausüben, vor dem Guardini hier den Staat warnt.

Wer kennt nicht die Situationen, in denen im Vorstand nur eine bestimmte Meinung zum derzeitigen Marktgeschehen, der eigenen Marktposition, den Stärken und Schwächen des Wettbewerbs geduldet wird. Bereits hier, in der sanft eingeforderten, letztlich von allen akzeptierten Meinungsdiktatur, beginnt das Menschsein in Gefahr zu geraten.

Wenn wir einigermaßen frei von Ängsten, Zwängen, Mustern und selbst auferlegten Zielen sind, können wir in solchen Situationen abschätzen, was es bedeutet, die eigene Meinung zu vertreten. Was soll schon passieren, wenn ich sage, was ich denke? Leidet mein Image? Gerate ich in ein schlechtes Licht? Ist mein Job in Gefahr?

Der zur Demut Entschlossene kann sich gelassen sagen: *„Was soll's. Es kommt nicht nur auf mich an. Gott mag mich schützen oder auch nicht. Ich werde, in Demut, mit dem gebotenen Respekt, aber in der notwendigen Klarheit, sagen, was ich meine sagen zu sollen. Auch wenn es mich mein gutes Image oder sogar meinen Job kostet. Ich werde einen Platz finden, wo man die Wahrheit erträgt, wo ich Mensch sein darf."*

Ein Unternehmen, das solche Führungskräfte nicht erträgt, sägt sich selbst den Ast ab, auf dem es sitzt. Die Besten, die zur Selbstreflexion und zur Demut Fähigen, die Entschlossensten, werden gehen — früher oder später. Die Opportunisten, die, auf die man sich letztlich nicht verlassen kann, bleiben zurück — und werden kulturbildend.

Wann immer jemand nicht mehr die Freiheit spürt, einer „herrschenden Meinung" zu widersprechen, beginnt das Wahrheitsgewissen und damit das Menschsein Schaden zu nehmen. Und sei es auch nur, wenn die Unternehmenszentrale während der Budgetplanungen erwartet, dass bestimmte Umsatz- oder Gewinnziele genannt werden, unabhängig davon, ob die Verantwortlichen vor Ort diese für realistisch und erreichbar halten oder nicht. Kompromisse mit der Wahrheit enden — nicht immer — aber sehr häufig, in der Kompromittierung der Wahrheit und damit in einer schleichenden Lähmung der Leidenschaft und Arbeitsenergie.

Ein Manager, den ich persönlich kenne, hatte sich über viele Jahre in einer Firma hochgearbeitet, war sowohl fachlich als auch als Führungskraft sehr erfolgreich und hoch angesehen.

Er erlebte die Übernahme der mittelständischen Firma durch einen Großkonzern. Nach einem Führungskräfte-Assessment bot man ihm eine Geschäftsführungsposition an.

Mit den „Konzernrichtlinien" begann für ihn das „rituelle Lügen" in der Budgetplanung. Seinem kurzen, heftigen Widerstand gegen dieses, letztlich das ganze Unternehmen schädigende, Planungsverhalten folgte sein Abgang.

Heute arbeitet er als Führungskraft sehr erfolgreich in einem anderen Unternehmen – ein riesiger Verlust für die alte Organisation.

**Einige Fragen zur Selbstreflexion:**

Wo stehe ich in der Gefahr, mir
Wunschbilder als Wahrheiten zu verkaufen?

Was erhoffe ich mir davon?

Wann lasse ich mir Wunschbilder anderer als
Wahrheiten verkaufen? Wo leidet dadurch
mein Wahrheitsgewissen?

Wo macht mich dies als Führungskraft
unglaubwürdig?

Was kann ich tun, um mein Wahrheitsgewissen zu
schützen beziehungsweise wiederherzustellen?

# 7. Demut unterstützt unsere Teamfähigkeit

Demut hilft uns, unsere eigenen Stärken und Schwächen realistisch zu sehen und unsere oft verschobene Selbstwahrnehmung zu korrigieren.

Hierzu ebenfalls eine kleine Geschichte: Ein Berater empfiehlt einem Manager, seinen Mitarbeitern gegenüber offener mit seinen Schwächen und Fehlern umzugehen. Der Manager antwortet: „Nein, das kann ich nicht. Wenn ich mit meinen Mitarbeitern über meine Schwächen und Fehler rede, verlieren sie den Respekt vor mir." Der Berater antwortet: „Oh, da muss ein Missverständnis vorliegen: Sie scheinen davon auszugehen, dass Ihre Mitarbeiter Ihre Fehler und Schwächen *nicht kennen*. Das ist ein tragischer Irrtum. Alles, worum ich Sie gebeten habe, ist, ihren Mitarbeitern zu zeigen, dass Sie Ihre Schwächen *auch kennen*."

Dieser Manager erreichte in seiner Abteilung anschließend mit einer ehrlich-selbstkritischen Haltung ein völlig verändertes Vertrauensklima und Kommunikationsverhalten.

Jesus verwendet in der Bergpredigt das Bild vom Splitter, den wir gerne im Auge des anderen wahrnehmen, ohne den Balken im eigenen Auge zu sehen. Er sagt damit sinngemäß: unsere Optik ist verschoben. Unser Selbstbild st im Trend zu positiv, das Bild, das wir von anderen haben, zu negativ. Unser Sehfehler führt dazu, dass uns der Splitter im Auge des anderen wesentlich mehr stört als der Balken in unserem eigenen Auge. Und dass uns letztendlich auch unsere eigenen Stärken sehr viel eindeutiger vor Augen stehen als die Stärken unserer Mitarbeiter.

Jesus empfiehlt uns eine Brille, um diesen Sehfehler zu korrigieren. Er rät uns: Kümmere Dich zuerst um den Balken in Deinem Auge (nachdem Du ihn endlich sehen kannst), dann kannst Du Dich auch um den Splitter im Auge des anderen kümmern. Fange mit der Veränderung *bei Dir* an.

Lobe zuerst die Stärken der anderen, sieh das, was sie gut gemacht haben, bevor Du ihre „Splitter" ansprichst. Wie sagte Collins: Langfristig erfolgreiche Führungskräfte zeigen *„aus dem Fenster"* auf ihre Mitarbeiter, wenn es darum geht Erfolge zu feiern, und *„in den Spiegel"*, auf ihre eigene Verantwortung, wenn sie mit Fehlern konfrontiert werden. Von unserem Naturell her neigen wir stets dazu, genau andersherum vorzugehen. Daher brauchen wir eine Sehhilfe.

In eine sehr ähnliche Richtung geht das Bild, das Paulus insgesamt dreimal in seinen Briefen für die Organisation einer christlichen Gemeinde verwendet: das Bild vom Leib mit vielen sich ergänzenden Gliedern, dessen Haupt Jesus ist.

Interessant ist, dass bei allen drei Bibelstellen[*] dieses wunderschöne Bild der Gemeinschaft und Ergänzung im direkten Zusammenhang mit „charakterlichem Lernen" verwendet wird.[**]

- Begegnet einander in Demut, seid bescheiden.
- Sucht das rechte Maß.
- Einer achte den Anderen höher als sich selbst.
- Haltet einander aus, habt Geduld.
- Seid nicht egoistisch, versucht euch nicht durchzusetzen.
- Wenn einer Unrecht tut, zahlt es ihm nicht mit gleicher Münze heim.
- Haltet Frieden und bemüht euch darum, die Einheit zu wahren.
- Steht Konflikte durch, seid ehrlich zueinander.
- Steht dabei fest in der Wahrheit, macht euch nichts vor, kehrt nichts unter den Teppich.

---

[*] Römer 12,3 bis 21,1. Korinther 12, Epheser 4,1–7
[**] Römer 12,3 / 9–21,1. Korinther 13, Epheser 4,1–3,

Direkt auf das Kapitel 12 des 1. Korintherbriefs folgt beispielsweise in Kapitel 13 das bekannte „Hohelied der Liebe", das ich bereits in meinen einleitenden Gedanken über Paulus zitiert habe: *Die Liebe ist langmütig und freundlich, die Liebe eifert nicht, die Liebe treibt nicht Mutwillen, sie bläht sich nicht auf* ...

Landläufig gilt Teamfähigkeit heute als wichtiges Einstellungskriterium für Führungskräfte. Damit wird folgendes unterstellt:

- Teamfähigkeit ist eine wichtige Führungseigenschaft.
- Man muss sie erworben haben, um eine gute Führungskraft zu sein.
- Ist man teamfähig, kann man ein Team möglichst konfliktfrei führen und zusammenhalten.

Paulus ist hier nüchterner:

- *Vor* der Teamfähigkeit steht für Paulus der *Charakter*. Wenn er (wie zum Beispiel in Galater 5,22 und 23 und in großer Übereinstimmung mit vielen anderen biblischen Autoren) über die „Früchte" eines geistlichen Lebensstils schreibt, nennt er: *Charaktereigenschaften*. Demut ist die Schlüsseleigenschaft: Wenn wir den anderen *höher* achten als uns selbst, tragen wir die erwähnte Brille, die unser verschobenes Selbstbild korrigiert. Es entsteht ein *ausgewogenes* Bild von mir und von den anderen. Das ist die Grundlage für Teamfähigkeit.

- Teamfähigkeit wird nicht irgendwann erworben und steht uns dann quasi als Konfliktlösungsmethode zur Verfügung, sondern Charakterbildung und Teamprozesse stehen in einer ständigen Wechselwirkung. So wie wir lebenslang an einem an Jesus Christus orientierten Charakter arbeiten, verbessern wir auch lebenslang unsere Teamfähigkeit.
- Die Fähigkeit, ein Team optimal zu führen, bewirkt nicht, dass es keine Konflikte mehr gibt und sich alle möglichst effizient auf ihre Arbeit konzentrieren können. Im Gegenteil: Teamfähigkeit wird nicht nur *im Team* und *im Konflikt* erworben, Teamfähigkeit bedeutet häufig sogar, Konflikte erst richtig an die Oberfläche zu bringen. Es ist wesentlich zu erkennen, dass man Konflikten *nicht* ausweichen kann. Man *muss* sie ansprechen, bearbeiten und, meist durch einen Interessenausgleich, *überwinden*. Dies erfordert Demut.

Daher schreibt Paulus bereits im 1. Brief an die Gemeinde in Korinth, als Kernaussage im Zusammenhang mit deren Führungskonflikt, in Kapitel 11,19:

*Es **muss** unter euch zu Spaltungen und Konflikten kommen, damit offenbar wird, wer sich bei euch im Glauben bewährt.*

Konflikte zu akzeptieren, auszuhalten und schließlich zu überwinden, das ist die eigentliche Teamleistung. Konfliktbearbeitung und Charakterbildung sind Systembestandteile einer teamorientierten Organisation, nicht Randbedingungen.

An vielen Stellen in der Bibel wird Einheit als das wichtigste Ziel einer geistlichen Gemeinschaft genannt, so wie *Charakterentwicklung* das wichtigste Ziel des einzelnen Christen ist. Beide Ziele stehen in einem direkten Zusammenhang, in unmittelbarer Wechselwirkung miteinander. Einheit kommt nicht „über uns", sondern sie wird auf die genannte Art und Weise er-kämpft, er-tragen, er-duldet ...

Die Schlüsselqualifikation ist auch hierzu Demut. Ein demütiges und damit realistisches Bild unserer Stärken und Schwächen macht den Weg frei, die Stärken anderer wirklich wertschätzen zu können und zu sehen, wo wir ihre Ergänzung brauchen. Es bewirkt, dass wir von anderen lernen können. Und es macht uns frei zu erkennen, wo wir durch unsere Schwächen für die anderen eine Last sind. Die Lebenshaltung der Demut hilft uns, in einer Gruppe stets auch den Einzelnen zu sehen, seine

Bedürfnisse und Beiträge im Gruppengefüge zu erkennen und das Miteinander der ganzen Gruppe zielgerichtet zu organisieren.

Im christlichen Glauben geht es nicht vor allem darum, ständig lieb und nett zueinander zu sein. Wie schnell wird daraus Heuchelei. Äußerlich lächelt man, innerlich denkt man schlecht über andere, steckt Menschen in Schubladen und lehnt sie ab. Verdrängung und oberflächliches Nett-Sein ist nicht das, was die Bibel mit liebevoller Gemeinschaft meint.

Liebe basiert immer auf *Ehrlichkeit, Wahrheit* und *Verantwortung* füreinander. Und das ist *immer* anstrengend. Gerade Christen sollen sich also nicht vor allem auf Konfliktvermeidung konzentrieren, sondern auf Konfliktbearbeitung, -verarbeitung und -überwindung.

Dabei zählt das Ende, der Ausgang des Konflikts. Es können ruhig mal „die Fetzen fliegen" – wenn am Ende die Wiederherstellung von Gemeinschaft und Einheit steht, wenn Liebe, Demut und gegenseitige Hochachtung wiederhergestellt sind. Dann wurde ein Konflikt wirklich *überwunden* und man ist nicht vor ihm geflohen, was leider heute viel häufiger geschieht, wenn Konflikte auftreten.

Im unmittelbaren Kontext des Bildes vom „Splitter

und Balken" kommt Jesus dann übrigens noch auf eine andere Tugend zu sprechen, die Demut erfordert und die für die Arbeit im Team unerlässlich ist – auf die *Vergebung*.

Selbst wenn Hochachtung und Wertschätzung unsere Beziehungen noch so sehr prägen: Menschen werden sich immer wieder aneinander versündigen. Ohne die Bereitschaft, das Schuldkonto des anderen immer wieder „auf null" zu stellen, werden Teams daher ebenfalls nicht funktionieren.

Vergebung bedeutet: Was immer der andere getan hat, ich beende bewusst die verletzende Wirkung, die dieses Verhalten auf meine Seele hat. Nicht, indem ich so tue, als sei „nichts geschehen", sondern indem ich auf die Auf- und Abrechnung verzichte. Indem ich mir klarmache, dass der andere seine Entscheidungen so frei treffen darf, wie ich dies für mich auch beanspruche. Damit halte ich meine Seele gesund und dem anderen die Tür einen Spalt geöffnet: ich gebe ihm eine neue Chance, mich trotz erlittener Verletzungen neu für sich gewinnen zu können.

**Einige Fragen zur Selbstreflexion:**

Habe ich ein realistisches Bild meiner
Stärken und Schwächen?

Kenne ich die Stärken meiner Kollegen und Mitarbeiter und weiß ich, wo diese mich ergänzen
können und was ich von ihnen lernen kann?

Bin ich teamfähig, was bedeutet: Zur Konfliktbearbeitung und -überwindung, zur Ergänzung
und zum Interessenausgleich bereit?

Lebe ich das gerade auch als Führungskraft?

Bin ich vergebungsbereit?

Kann ich mich, wenn Dinge wirklich ausgeräumt
wurden, versöhnen und in Beziehungen neu
anfangen?

Wenn nicht, was kann ich tun, um das einzuüben?

# 8. Demut hilft, Maß zu halten

In den letzten Jahren ist es in Managementkreisen in Mode gekommen, sich mit den Regeln der Benediktiner auseinanderzusetzen, da die Klöster sehr alte, stabile Organisationen sind, von denen man sicher in punkto Führungsstruktur und Führungskultur etwas lernen kann. Vielleicht auch, weil sich in Klöstern wirtschaftlicher Erfolg scheinbar so harmonisch mit wichtigen geistlichen und sozialen Zielen verbindet.

Viele Prinzipien aus den „Regeln des heiligen Benedikt" ähneln den im Rahmen dieses Buches aufgestellten Thesen. Eine sehr wichtige Lehre aus dem klösterlichen Leben, die mich zunächst überrascht hat, möchte ich hier noch erwähnen: das *Maßhalten*.

Klöster waren und sind Orte, an denen geistliches Leben in intensiver Form realisiert wurde und wird. Vor diesem Hintergrund ist es interessant, dass die wichtigste Tugend, die Mönche lernen sollen, gar nicht radikal, sondern eher ausgleichend klingt. Sie sollen Vorbilder im Maßhalten sein.

Philosophischer Hintergrund des Maßhaltens, übrigens eine der so genannten Kardinaltugenden, ist die Erkenntnis, dass Radikalität immer einseitig ist und deshalb immer dazu beiträgt, dass Menschen verführt oder zumindest verletzt werden. Uneingeschränkte, schonungslose Ehrlichkeit kann Menschen zerstören. Daher braucht die Ehrlichkeit als begleitende Tugend zum Beispiel die Freundlichkeit, die Sanftmut oder die Geduld. „Endlose", also radikale Geduld, wird ohne Ehrlichkeit zu Heuchelei.

In den Klöstern wird daher gelehrt, dass hinsichtlich wichtiger Tugenden eine „Gesamtbalance" hergestellt werden muss, damit in der Folge Weisheit, also ein angemessenes, personen- und situationsgerechtes Verhalten, entsteht – und langfristig ein guter Charakter.

Daran musste ich denken, als ich folgende Gedanken von Paulus las, die er über jene äußert, die in der Gemeinde in Korinth offensichtlich die Verursacher des Führungskonfliktes waren. Mit beißender Ironie schreibt er über die dortigen „Alphatiere": *Ich wage allerdings nicht, mich mit denen in eine Reihe zu stellen, die sich selbst anpreisen. Ich kann mich selbstverständlich nicht mit ihnen messen. Sie sind so unverständig, dass sie ihre eigenen Maßstäbe aufrichten und sich an sich selbst messen* (2. Korintherbrief 10,12).

Ein wichtiges Kriterium für Machtmissbrauch ist offenbar, dass man seine eigenen Maßstäbe auf stellt und sich und andere anschließend vor allem an diesen, selbst errichteten Kriterien misst. Es gibt dann keinen Raum mehr für Ausgewogenheit, kein *Maß*, keinen Ausgleich.

Und wieder ist es die Demut, die Paulus darauf gelassen reagieren hilft: *Ich dagegen rühme mich nicht ohne Maß. Gott hat mich mit der Guten Nachricht bis zu euch gelangen lassen. Das ist der Maßstab, nach dem ich mich beurteile. ... Ich verliere also nicht das Maß und prahle nicht mit der Arbeit, die Andere getan haben. ... Statt nach einem fremden Maßstab mit einer Arbeit zu prahlen, die andere schon vor mir getan haben, werde ich die Gute Nachricht noch weit über Korinth hinaus verkünden. In den Heiligen Schriften heißt es: „Wer sich mit etwas rühmen will, soll sich mit dem rühmen, was der Herr getan hat. Als bewährt gilt, wer vom Herrn gelobt wird, und nicht, wer sich selbst anpreist.“* (2. Korintherbrief 10,13–17).

Paulus reagiert hier wieder mit der für ihn typischen „doppelten Demut“:

1. Gegenüber Gott, der der eigentliche Urgrund aller Begabungen und Erfolge ist.
2. Gegenüber der Leistung anderer Menschen, nach dem Prinzip: Einer achte den anderen höher als sich selbst.

Das richtige Maß zu halten, es nicht zu übertreiben, erfordert also wiederum meine Demut. Maßlosigkeit dagegen ist ein Kennzeichen von Arroganz und Selbstbezogenheit.

**Einige Fragen zur Selbstreflexion:**

Welches sind die „komplementären" Schwächen zu meinen besonderen Stärken?

In welchen Bereichen muss ich also besonders lernen Maß zu halten? Wer oder was kann mir dabei helfen?

Wie kann ich verhindern, dass ich mir meine eigenen Maßstäbe errichte und mich und andere nur an diesen Maßstäben messe?

Wie kann ich lernen, in wichtigen Dingen und vor allem im Umgang mit Macht, Maß zu halten?

# 9. Demut bewahrt vor Machtmissbrauch

*Gott hat sich über mich erbarmt und mir diesen Dienst übertragen. Darum verliere ich nicht den Mut. Ich meide alle dunklen Machenschaften. Ich handle nicht hinterhältig und verdrehe nicht das Wort Gottes. Vielmehr verkünde ich offen die unverfälschte Wahrheit der Guten Nachricht in Verantwortung vor Gott. Das ist meine Empfehlung, und das werden alle erkennen, die ihr Gewissen prüfen* (2. Korintherbrief 4,1–2).

Paulus lebt in dem Bewusstsein, dass, wenn er den Dienst tut, für den Gott ihn berufen hat, die Ergebnisse seiner Arbeit Gottes Sache sind. Daher muss er sie nicht schönen, er muss nicht manipulieren, tricksen, andere einschüchtern, „auf den Tisch hauen", er kann sich Transparenz und Klarheit leisten. Diesen Zusammenhang hatten wir bereits hergestellt.

Für eine einzige Person ist es schwer, sowohl das Ergebnis als auch den Prozess und die Art, wie er zustande kommt, gleichermaßen wichtig zu nehmen – oder sich auf die Chancen genauso zu konzentrieren wie auf die Risiken. Es ist gut, wenn im Team verschiedene Mitglieder für die unterschiedlichen

Sichtweisen auf einen Gesamtvorgang zuständig sind.

Nimmt man *nur* den Prozess wichtig und nicht das Ergebnis, kann man leicht in endlose Abstimmungs- und Qualitätssicherungs-„Schleifen" geraten und das Erreichen des Ergebnisses insgesamt gefährden.

Nimmt man andererseits das Ergebnis zu wichtig, steht man ständig in der Gefahr, Macht zu missbrauchen. Der Volksmund sagt dazu: *Der Zweck heiligt die Mittel.* Und genau das tut der Zweck eben nicht. Die Mittel sind nur heilig, wenn sie Gottdienlich und nicht, wenn sie *nur* zweck-dienlich eingesetzt werden.

Im Alten Testament war es den Priestern aufgetragen, das Volk zu lehren, zwischen *profanen* und *heiligen* Dingen zu unterscheiden. Im Kontext des Neuen Testaments sind Christen durch den Heiligen Geist zum allgemeinen Priestertum befähigt. Da Gott quasi in uns wohnt, tragen wir für unser Leben selbst die Verantwortung. Unter anderem auch dafür, dass korrekt zwischen Profanem und Heiligem unterschieden wird und eben *nicht* der Zweck oder der Nutzen die Mittel heiligt.

Paulus geht zu jeder Art von „Machtspielchen" auf Distanz. Er schreibt, in unverhohlener Ironie, an die Korinther: *Ihr seid ja so vernünftig, dass ihr die*

*Verrückten gerne ertragt. Ihr duldet es, wenn euch jemand unterdrückt, euch ausbeutet und einfängt, euch verachtet und ins Gesicht schlägt. Ich muss zu meiner Schande gestehen: Dazu war ich zu schwach!* (2. Korintherbrief 11,19–21).

Paulus kokettiert hier zugegebenermaßen etwas mit dem Begriff „schwach". Aber er setzt einen klaren Kontrapunkt zum Machtmissbrauch. Er sagt im Grunde: Machtmissbrauch ist mir zu anstrengend – ob ich nun Täter oder Opfer bin.

Auch für den Täter ist Machtmissbrauch anstrengend. Ständig viele Bälle in der Luft halten, unsere Umgebung kontrollieren, geschickt mit Belohnungen und Bestrafungen arbeiten, das eigene Gewissen unterdrücken – all das ist der Preis missbrauchter Macht.

Mit verliehener, man könnte auch sagen geliehener Macht kann man viel gelassener umgehen. Denn wir sind nicht die „Macht-Haber" – denken Sie noch einmal an das Bild von Pilot und Copilot – sondern „nur" Macht-Verwalter. Der Zweck, der Nutzen des Machteinsatzes steht in der Verantwortung des Macht-Verleihers, nicht in der des Macht-Verwalters.

Allerdings ist Demut erforderlich, um Macht *nicht* zu missbrauchen. Macht zu haben kann – zumindest für einen bestimmten Charaktertypus –

ein rauschhaftes Gefühl sein. Was wird der Macht als Droge nicht alles zugeschrieben: Macht macht reich, beliebt, ja, sogar sexy. Macht sollte daher im Grunde nur dem verliehen werden, der nicht nach ihr strebt – wieder so eine Paradoxie.

Sehr oft wird dieser Grundsatz verletzt. Menschen mit einem natürlichen Machttrieb werden oft sogar für besonders führungsbegabt gehalten. Das Verlangen nach Macht wird in den Kriterien vieler „Assessment-Center" oft mit der *Bereitschaft* verwechselt, Macht auch einzusetzen, wenn man sie verliehen bekommt. Das ist aber ein *himmel*weiter Unterschied.

Wer an der Macht an sich Spaß hat, ist latent missbrauchgefährdet. Wer dagegen aus einer demütigen Haltung heraus eine natürliche Distanz zur Macht hat, obwohl er an sich eine starke Persönlichkeit ist – der ist zur Verwaltung von Macht erst wirklich in der Lage.

Es ist ein Ausdruck von *Stärke*, distanziert und maßvoll mit Dingen umzugehen, die besonders verlockend sind und daher mindestens zum interessengeleiteten Gebrauch, wahrscheinlich auch zum *Miss*brauch einladen.

Eine in dieser Weise vorsichtige, das heißt nach vorne, auf die möglichen Folgen zu sehen befähigte

Persönlichkeit wird mit großer Wahrscheinlichkeit auch die Selbstdistanz aufbringen, um sich herum „Frühwarnsysteme" für möglichen Missbrauch zu installieren:

- Bereitwillig Macht zu teilen, also einen teamorientierten Führungsstil zu pflegen, und das ganze Führungsteam, nicht nur sich selbst, als Entscheidungsorgan anzusehen.
- Wenn Einzelentscheidungen zu treffen sind, darauf zu achten, dass wir von Seiten der Kollegen, für die wir mitentscheiden, auch tatsächlich ein Entscheidungs-Mandat besitzen.
- Rechtfertigungsinstanzen außerhalb unseres unmittelbaren eigenen Machtbereichs – zum Beispiel einen Aufsichtsrat – nicht nur bereitwillig zu akzeptieren, sondern auch zu respektieren und dies durch wertschätzendes Verhalten sowie frühzeitige, offene Kommunikation zu dokumentieren.
- Anderen gegenüber, besonders solchen aus dem persönlichen Umfeld, also unseren Ehepartnern oder unseren Freunden ... unser Handeln stets offen zu legen und wenn nötig zu rechtfertigen.

Tendenzen zum Machtmissbrauch wird man im Umkehrschluss immer daran erkennen können, dass in einem Führungsteam ungeduldig und aus-grenzend mit Meinungsunterschieden umgegan-gen wird. Indikatoren sind auch, dass man nicht gerne delegiert, zu einsamen „Basta-Entscheidun-gen" neigt und nur unwillig informiert. Oder dass man diejenigen nur ungern mit einbezieht, denen man eigentlich Rechenschaft schuldig ist.

**Einige Fragen zur Selbstreflexion:**

Wo stehe ich in der Gefahr, meine Macht
zu missbrauchen?

Wo versucht man mich durch Machtmissbrauch
zu beeinflussen?

Was sagt mir mein Inneres, wie ich in diesen
Situationen Missbrauch verhindern kann?

Mit wem teile ich meine Macht?

Wem gegenüber rechtfertige ich meinen Umgang
mit Macht?

# 10. Demut macht uns einflussreich

Wir hatten eingangs gefragt: War Paulus ein Weichling? Und anschließend anhand von bisher neun Thesen versucht zu zeigen, dass Demut und Selbstdistanz Zeichen für Stärke, nicht für Schwäche, sind. Wenn wir nun auf viele typische Macht-Mittel verzichten — was wächst uns stattdessen zu? Wie konnte Paulus so einflussreich werden, wenn er so demütig war?

Zunächst einmal schrieb Paulus zwar mit großer Selbstdistanz, tat dies aber aus einer latenten Position der Stärke, nicht der Schwäche. War er vorsichtig, geschah das nicht aus Angst, sondern aus Überzeugung.

Daher warnt er seine Leser, ihn nicht etwa misszuverstehen: *Zwingt mich nicht, meine Stärke zu zeigen, wenn ich komme! Ich habe keine Angst vor denen, die mir menschliche Schwächen und mangelnde geistliche Vollmacht vorwerfen* (2. Korintherbrief 10,2).

„Seine Stärke", so schreibt er weiter, ist eben nicht „seine" Stärke, sondern die des Macht-Verleihers, dem er sich völlig untergeordnet hat:

*Ich bin zwar nur ein Mensch, aber ich kämpfe nicht nach Menschenart. Meine Waffen in diesem Kampf sind nicht die eines schwachen Menschen, sondern die mächtigen Waffen Gottes. Mit ihnen zerstöre ich feindliche Festungen: Ich bringe falsche Gedankengebäude zum Einsturz und reiße den Hochmut nieder, der sich der wahren Gotteserkenntnis entgegenstellt. Jeden Gedanken, der sich gegen Gott auflehnt, nehme ich gefangen und unterstelle ihn dem Befehl von Christus* (2. Korintherbrief 10,3–5).

Paulus hat den Mut, den Dingen seinen Lauf zu lassen, es auch einmal bewusst „darauf ankommen" zu lassen, weil er sicher ist, dass Gott mit ihm sein wird. Immer getreu nach dem Motto: Wenn ich schwach bin, bin ich stark. Weil erst in seiner Schwäche der stark wird, der in ihm ist – der Geist Gottes.

Er setzt zu einhundert Prozent darauf, dass Gott ihm helfen und ihn rechtfertigen wird. Auf dessen Hilfe kann er setzen, weil er „göttlichen Rückenwind" schon oft erlebt hat; sogar in Korinth, wo er nun angegriffen wird: *In aller Geduld habe ich mich bei euch als Apostel ausgewiesen, durch staunenswerte Wunderzeichen und machtvolle Taten* (2. Korintherbrief 12,12).

Er kündigt an, dass er, wenn die Gemeinde nicht selbst wieder ins Gleichgewicht kommt, noch einmal wiederkehren und dann sicher nicht so passiv auftreten wird, wie bisher. Er spürt, dass Gott ihm in diesem Fall wohl eine aktivere Rolle geben wird – und kündigt dies in aller Offenheit an: *Da habt ihr dann den gewünschten Beweis dafür, dass Christus durch mich spricht* (2. Korintherbrief 13,3).

Droht Paulus hier? Erliegt er nun doch der Verlockung missbrauchter Macht? Ich glaube, nein. Das ist nicht sein Motiv.

Denken wir noch mal zurück an These 4: *Demut hilft mir, unabhängiger von Menschen, Situationen und Gelegenheiten zu werden.* Demut, hier in Gestalt von Selbstdistanz, hilft, sich in jeder Hinsicht situationsgerecht zu verhalten. Im Moment des Briefschreibens ist Paulus noch für einiges offen, er ist zurückhaltend. Er wirbt um die Korinther, erklärt sein Verständnis von Führung und seine Art des Umgangs mit Macht. Dieses Verhalten ist der derzeitigen Eskalationsstufe angemessen.

Ihm ist aber durchaus bewusst, dass dieses Verhalten als Schwäche oder gar Angst ausgelegt werden könnte. Und er weiß um die Möglichkeit, dass es noch zu weiteren Eskalationen kommen kann. Am Ende seines Briefes versucht er daher sicherzustellen, dass er nicht missverstanden wird, damit auch die Briefempfänger die momentane

Situation korrekt einschätzen können. Er will ihnen klar machen, dass sich weitere, vielleicht sogar überraschende, paradoxe Eskalationsstufen anschließen können, und sagt: Zwingt mich nicht, meine Stärke zu zeigen, wenn ich komme!

Paulus hat gelernt, das Leben als Prozess zu sehen. Als einen Weg, bei dem Gott der Verantwortliche und der im Wesentlichen Handelnde ist. Ein Gott, der sich gerne mit den Menschen zusammentut, die sich ihm mutig hingeben und durch Demut genügend Distanz zu sich selbst haben. Er kooperiert dann in der Form mit uns Menschen, dass seine, für uns heilbringenden Ziele, Schritt für Schritt erreicht werden.

Hier in Korinth geht es Gott ganz offensichtlich um ein Ende der dort laufenden „Machtspielchen". Hierfür setzt er Paulus – Schritt für Schritt – ein, mit der dem „Level-5-Leader" eigenen Mischung aus Mut und Demut.

Der Mensch ist, wenn wir in diesem Bild bleiben, immer Werkzeug. Er kennt manchmal nicht einmal das Ende des Prozesses. Aber nur auf diesen Schlusspunkt kommt es wirklich an. Paulus lehrt: Kenne ich das Ende noch nicht, muss ich mich ganz darauf konzentrieren, den momentanen Stand und den nächsten Prozessschritt korrekt einzuschätzen und dann angemessen zu handeln.

Als Beispiel führt Paulus den Sohn Gottes an, der auch in diesem Punkt ganz Mensch wurde: *Christus ist euch gegenüber nicht schwach, sondern erweist unter euch seine Kraft. Als er am Kreuz starb, war er schwach. Aber jetzt lebt er durch Gottes Kraft* (2. Korintherbrief 13,3b–4a).

Paulus erinnert die Korinther daran, dass sie an einen starken, auferstandenen Jesus glauben, der mitten unter ihnen mit seinem Geist wirkt.

Als Jesus am Kreuz hing, wirkte er, menschlich gesehen, hilflos und schwach – aber er war es nicht wirklich. Indem Jesus für die Sünden der ganzen Welt starb und auferstand, nahm er in Wahrheit dem Tod den Stachel. Sein eigener Tod war nötig, um unserer Sünde die tödliche Wirkung zu nehmen. Es war ein göttlich geplanter Schritt, um, wie Paulus im Römerbrief schreibt, *„der Sünde den Prozess zu machen genau an der Stelle, an der sie sich am Verhängnisvollsten auswirkte – im Tod"*. Was Paulus mit diesem Beispiel ausdrücken möchte: Auch bei Jesus war es so: Es kam auf das Ende an. Selbst wenn ein Zwischenschritt schwach wirkte – am Ende stand ein gottgewollter Triumph.

Am Ende seines Briefes an die Korinther schreibt Paulus: *Auch ich bin mit Christus schwach. Aber ich werde mit ihm leben und mich stark erweisen euch gegenüber aus Gottes Kraft!* (2. Korintherbrief 13,4b).

Das ist nicht dahingesagt. Er hat diese Abfolge scheinbar schwacher, doch am Ende erfolgreicher Prozesse immer wieder erlebt. Er vertraut aus Erfahrung auf dieses paradoxe Handeln Gottes. Ein Umstand, der diesen Sätzen sehr viel Kraft verleiht.

Der ganz in Gottes Auftrag Stehende, der von Gott Berufene, muss nicht selbst dafür sorgen, dass eintritt, was sein Auftraggeber will. Wer wie Paulus auf Gottes Handeln vertraut, kann sich vor allem darauf konzentrieren, dass er lernt, Situationen geistlich einigermaßen richtig einzuschätzen, Dinge „mit den Augen Gottes" zu sehen und sich dann führen zu lassen. Diese Sicht auf das Leben und auf meine Aufgaben schenkt eine unendliche Freiheit und Gelassenheit.

Paulus weiß, dass etwas Größeres hinter ihm steht und ihm Kraft verleiht. Das ist der Grund für seine Klarheit und für seinen wachsenden Einflussradius. Die Umstände des Lebens bestätigen seine „geliehene" Macht. Er musste nicht manipulativ tätig werden und hatte dennoch, oder besser:

deshalb, großen Einfluss. Alles was er sagte und tat demonstrierte seine Vollmacht.

Paulus betont, dass dieses Maß an Einfluss in einem „irdenen Gefäß" verwaltet wird – in einem Menschen, der sich dafür demütig zur Verfügung stellt. Jemandem, der trotzdem Fehler macht und deshalb in dieser Hinsicht auch „schwach" ist.

Die „verliehene" Macht steht nie einfach „zur Verfügung", im Gegenteil. Der Status als „Gefäß" muss sich immer wieder beweisen. Wir sollten, um dies zu erleben, den uns geschenkten Handlungs-rahmen vom eigenen möglichst soweit frei halten, dass Gottes Geist hindurchfließen und wirken kann. Dazu braucht es Demut und das Vertrauen, dass er uns mit dem versorgen wird, was wir brauchen, auch wenn wir uns darum nicht selbst kümmern.

Dass Gott handelt, alles so wird und fließt, wie wir dies erhoffen, können wir nicht beeinflussen – was für ein Segen! Denn er ist ja der Pilot. Er kennt das Ziel besser als wir.

**Einige Fragen zur Selbstreflexion:** ?

Welche Wirkungen hat es in der Vergangenheit gehabt, wenn ich Macht bewusst einsetzte?

Wie kommt in meiner Führungsaufgabe üblicherweise Macht zu mir – wird sie mir verliehen oder „nehme ich sie mir"?

Habe ich die nötige Geduld, beim Einsatz von Macht in einzelnen Schritten eines Prozesses zu denken und das Ergebnis nicht voreilig vorweg zu nehmen?

Setze ich meine Macht situationsgerecht, dem jeweiligen Eskalationsschritt angemessen, ein?

Wann habe ich das letzte Mal einen außergewöhnlichen „Rückenwind", eine unerwartet große, positive Wirkung meiner Führungsaufgabe gespürt?

Wie bin ich in diesen Situationen mit Macht umgegangen?

# Schlussbetrachtung

Das wesentliche Ziel dieses Buches ist es, ein geistlich hochwirksames, für Führung wichtiges biblisches Prinzip zu beschreiben und hinsichtlich einiger Wirkungsweisen näher zu betrachten.

Ich hoffe, dem Leser wurde deutlich: Viele Dinge können uns erst geschenkt werden, wenn wir sie nicht mehr anstreben. Hierzu gehören Stärke, Macht und Einfluss. Ob sie uns anvertraut werden, liegt zudem in Gottes Hand.

Wer solche Eigenschaften unbedingt haben will, kann sie sich zwar vielfach aufgrund natürlicher Stärken und „günstiger Lebensumstände" einfach „nehmen", aber die Wirkungen sind in diesem Fall meist bedenklich: Man wächst so nicht in eine gottgegebene Berufung hinein, man macht keine heilsamen Erfahrungen. Im Gegenteil, oft schaden wir stattdessen anderen Menschen und uns selbst, der eigenen Seele und unserem Selbstwertgefühl. Schnell geraten wir in ungesunde Abhängigkeiten, streben früher oder später Macht nicht nur an, sondern missbrauchen sie auch.

Langfristig reißen Führungskräfte, die so agieren, meist „mit dem Hintern um, was sie mit den Händen aufgebaut haben". Ihr Leben bleibt, was nachhaltige positive Effekte angeht, am Ende oft wirkungslos – ein Schicksal, das ich gerade Führungskräften nicht wünsche.

Wer demütig loslässt, von Gott her seinen Wert bestimmt und von ihm seine Stärke bezieht, der ist – unabhängig von seiner formalen Position – stets ein einflussreicher Mensch. Vor allem, weil er als ehrlicher Diener erkannt wird. Es bleibt natürlich Gott überlassen, welchen Einflussradius er uns tatsächlich anvertraut. Unabhängig von der „Größe der Aufgabe" wird die Wirkung einer demütig handelnden Führungspersönlichkeit aber aller Voraussicht nach über die Zeit bestehen und für andere und sich selbst „heil"-sam sein.

Paulus schreibt an seinen Schüler Timotheus: *Wenn jemand die Leitung (einer Gemeinde) erstrebt, dann sucht er eine große und schöne Aufgabe.*

Andere Menschen zu führen, ist ohne Frage eine anspruchsvolle Aufgabe. Derjenige, der ihr mit seinen Gaben und von seiner Haltung her gewachsen ist und diejenigen, die von einer solchen Führungspersönlichkeit geführt werden, werden aber auch tiefe Befriedigung und große Freude erfahren.

Gott segne Sie auf Ihrem Weg, eine in diesem Sinne einflussreiche Führungspersönlichkeit zu werden.

*Herr, gib mir die Gelassenheit, Dinge hinzunehmen, die ich nicht ändern kann, den Mut, Dinge zu ändern, die ich ändern kann, und die Weisheit, das Eine vom Anderen zu unterscheiden.*

## Quellennachweise

[1]  Julian an Arsakios, in: Julian „Epistula ad Arsacium", bei Sozomenos V 15f.

[2]  Jim Collins: „Good to Great", Harper Collins 2001. Die deutschsprachige Ausgabe erschien ebenfalls 2001 unter dem Titel „Der Weg zu den Besten" bei dtv

[3]  Alle Autorenrechte liegen bei der Katholischen Akademie in Bayern Romano Guardini, Tugenden. Meditationen über Gestalten sittlichen Lebens 6. Auflage 2004, S. 98 (Tapferkeit bedeutet …) Verlagsgemeinschaft Matthias Grünewald, Mainz / Ferdinand Schöningh, Paderborn

[4]  Ebenda, Seite 25f. (Es ist ja doch nicht zufällig …)

**Kristian Furch**

Diplomkaufmann, Reserveoffizier, Unternehmer, Gemeindegründer, Seelsorger; seit fast 20 Jahren Unternehmens- und Politikberater, Führungskräftetrainer und -coach. 2007 gründete er zusammen mit anderen Führungsexperten die Managementberatung „Leadership Partners", die darauf spezialisiert ist, Organisationen und ihre Führungskräfte auf dem Weg zu einem guten, ausgewogenen Führungssystem zu begleiten.   www.leadership-partners.eu

Der Text für dieses Buch basiert auf einem Vortrag, den Kristian Furch zuerst für die Academie Kloster Eberbach hielt.

Mehr über die Academie erfahren Sie im Internet: www.kloster-academie.de

PRÄSENZ SIGNUM

Die Reihe Präsenz SIGNUM setzt Zeichen.
Sie will anregen, sich als Führungskraft und Christ
den drängenden Fragen unserer Zeit zu stellen,
Lösungen zu suchen, eigene Werte zu reflektieren
und aus ihnen eine persönliche Handlungsmaxime
abzuleiten.

Holger Schlageter
**Die Menschen im Blick, das Ziel vor Augen**
Visionen umsetzen, Schritt für Schritt
am Modell Mose.
96 Seiten · Gebunden · Format 11,5 × 20 cm
€ 12,90 / SFr 23.80 * / € [A] 13,30
ISBN 978-3-87630-067-2


Werner Berschneider
**Die Chance sinnerfüllt zu leben und zu führen**
Erkenntnisse von Viktor Frankl als Basis für eine
gute Führung von Menschen und Unternehmen.
96 Seiten · Gebunden · Format 11,5 × 20 cm
€ 12,90 / SFr 23.80 * / € [A] 13,30
ISBN 978-3-87630-068-9

Weitere Bände in Vorbereitung


* Empfohlener Verkaufspreis für die Schweiz